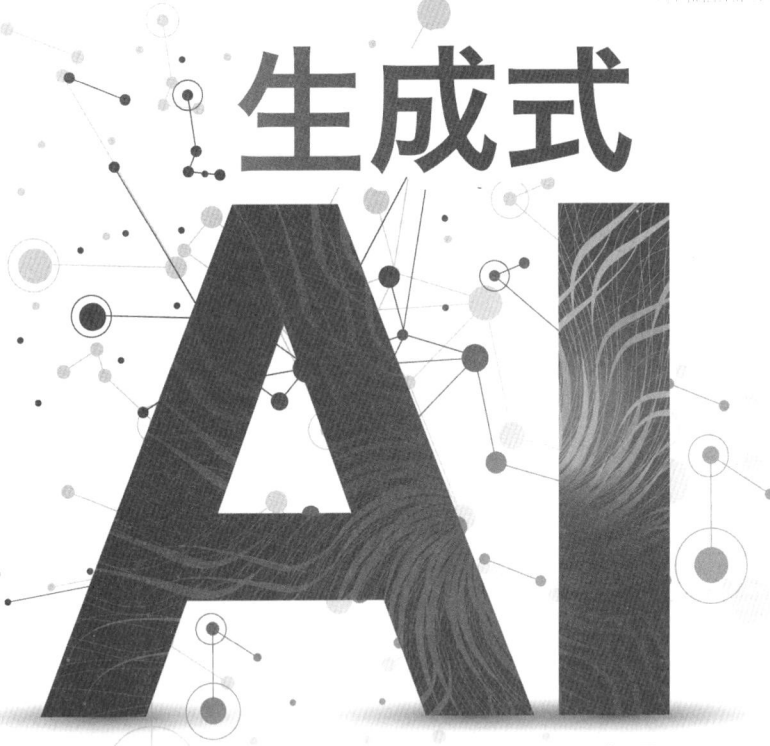

# 生成式 AI 應用與技術

實力養成暨評量

# 如何使用本書

## 本書內容

分『實力養成篇』及『實力評量篇』兩篇，共五章：

　　第一章　TQC 證照說明：介紹 TQC 認證及如何報名參加與認識測驗。

實力養成篇：

　　第二章　題庫練習系統－操作指南：教導使用者安裝操作本書所附的題庫練習系統。

　　第三章　技能測驗－學科題庫：可供讀者依照學習進度做平常練習及學習效果的評量使用。

實力評量篇：

　　第四章　模擬測驗－操作指南：介紹 TQC 專業知識領域類生成式 AI 應用與技術認證之測驗模擬操作與實地演練，加深讀者對此測驗的瞭解。

　　第五章　實力評量－模擬試卷：含模擬測驗三回，可幫助讀者作實力總評估。

本書章節如此的編排，希望能使讀者儘速瞭解並活用本書，而大大增強電子商務概論相關知識的功力！

## 本書適用對象

- 學生或初學者。
- 準備受測者。
- 準備取得 TQC 專業人員證照者。

## 本書使用方式

請依照下列的學習流程，配合本身的學習進度，使用本書內之題庫做練習，從作答中找出自己的學習盲點，以增進對該範圍的瞭解及熟練度，最後進行模擬測驗，評估自我實力是否可以順利通過認證考試。

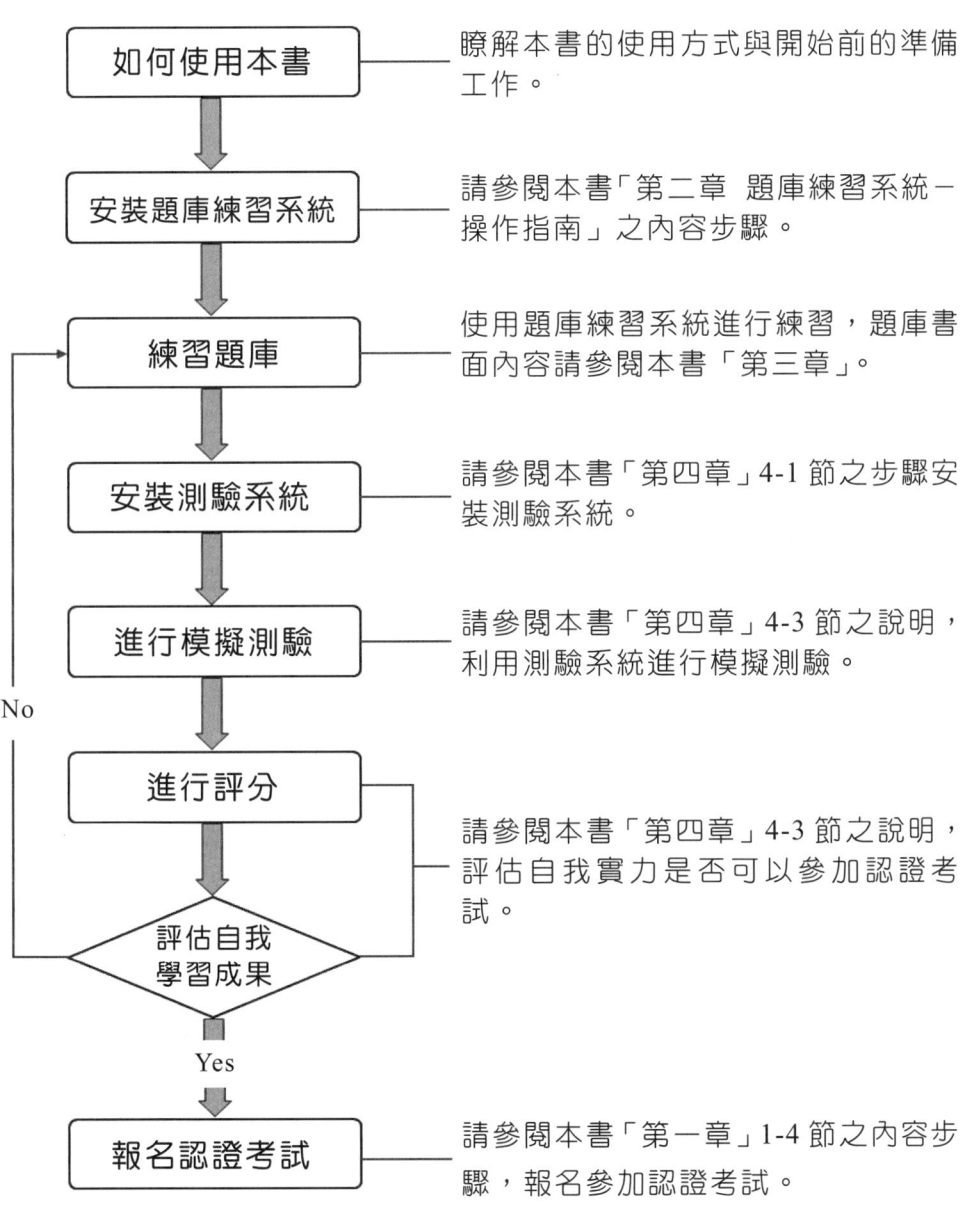

# 軟硬體需求

　　本項測驗進行與運行本書系統中提供的「生成式 AI 應用與技術題庫練習系統」、「CSF 測驗系統 T5-Client 端程式」，需要的軟硬體需求如下：

## 硬體部分

- 處理器：Intel Core 處理器以上等級
- 記憶體：8 GB RAM（含）以上
- 硬　碟：安裝完成後須有 1 GB（含）以上剩餘空間
- 鍵　盤：標準 AT 101 鍵或 WIN95 104 鍵
- 滑　鼠：標準 PC 或 USB Mouse
- 螢　幕：具有 1920 * 1080 像素解析度以上的顯示器

## 軟體部分

- 作業系統：Windows 11 以上之中文版本。
- 系統設定：作業系統安裝後之初始設定。中文字形為系統內建細明體、新細明體、標楷體、微軟正黑體，英文字體為系統首次安裝後內建之字形。

# 商標及智慧財產權聲明

- CSF、ITE、TQC、TQC+是財團法人中華民國電腦技能基金會的註冊商標。
- Microsoft、Windows 是 Microsoft 公司的註冊商標。
- 本書或系統中所提及的所有其他商業名稱，分別屬各公司所擁有之商標或註冊商標。

## 智慧財產權聲明

「生成式 AI 應用與技術實力養成暨評量」(含系統)之各項智慧財產權，係屬「財團法人中華民國電腦技能基金會」所有，未經本基金會書面許可，本產品所有內容，不得以任何方式進行翻版、傳播、轉錄或儲存在可檢索系統內，或翻譯成其他語言出版。

- 本基金會保留隨時更改書籍(含系統)內所記載之資訊、題目、檔案、硬體及軟體規格的權利，無須事先通知。
- 本基金會對因使用本產品而引起的損害不承擔任何責任。

本基金會已竭盡全力來確保書籍(含系統)內載之資訊的準確性和完善性。如果您發現任何錯誤或遺漏，請透過電子郵件 master@mail.csf.org.tw 向本會反應，對此，我們深表感謝。

# 系統使用說明

　　為了提高學習成效，在本書的系統中特別提供「生成式 AI 應用與技術題庫練習系統」及「CSF 測驗系統-Client 端程式」，您可透過附加資源的下載連結安裝上述系統，請自行解壓縮並執行即可，僅供購買本書之讀者使用，未經授權不得抄襲、轉載或任意散布。

附加資源（請下載並搭配本書，僅供購買者個人使用）

下載連結：http://books.gotop.com.tw/download/AEY045200

「生成式 AI 應用與技術題庫練習系統」提供學科題庫第一至七類共計 331 道題目。

「CSF 測驗系統-Client 端程式」提供三回生成式 AI 應用與技術認證測驗的模擬試卷。

　　本系統內各系統 Setup.exe 程式所在路徑如下：

- 安裝生成式 AI 應用與技術題庫練習系統：
  檔名：TqcCAI_AI1_Setup.exe
- 安裝 CSF 測驗系統-Client 端程式：
  檔名：T5 ExamClient 單機版_AI1_Setup.exe

　　希望這樣的設計能給您最大的協助，您亦可進入 https://www.CSF.org.tw 網站得到關於基金會更多的訊息！

# 序

近年因生成式 AI（Generative AI）的崛起，為人工智慧的發展掀起了新的浪潮。從 ChatGPT 生成自然語言對話，到 Midjourney、Stable Diffusion 等 AI 繪圖工具創作逼真的圖像，再到音樂、程式碼、影片等多領域應用，生成式 AI 已逐步改變人類與科技互動的方式。這不僅是技術上的突破，更是代表人工智慧從輔助決策邁向創造力展現的關鍵轉折，為企業創新、產業升級開創全新可能。

這場由 AI 開啟的技術革命，不僅加速了企業數位轉型，也為市場帶來前所未有的機遇與挑戰。企業不再僅依賴傳統的數據分析與自動化技術，而是積極導入生成式 AI 與機器學習模型，以提升決策效率、優化生產流程，甚至創造全新的商業模式。隨著技術的不斷演進，如何培養具備 AI 專業知識與應用能力的人才，已成為全球企業與教育機構共同關注的焦點。

生成式 AI 已成為各國政府與企業提升競爭力的關鍵技術。然而，企業在導入生成式 AI 時，往往面臨專業人才短缺、缺乏實務經驗、技術門檻高等挑戰，導致 AI 的應用推廣受限。隨著市場對生成式 AI 的依賴日益加深，能夠訓練大型語言模型、掌握特定領域知識並具備 AI 解決方案的人才變得極為稀缺。本會長期觀察產業發展之脈動，亦扮演企業用才與育才單位橋樑，有鑒於 AI 人才的培育及養成之重要性，特召集國內產學專家，共同規劃「TQC 生成式 AI 應用與技術」認證，希望透過教育推廣及證照驅動，快速縮短人才供需的差距。

「TQC 生成式 AI 應用與技術」認證以專業知識體系為導向，分為七大類：「發展歷程與生態系」、「應用領域與產業發展」、「生成式 AI」、「演算法及專家系統」、「機器學習原理」、「統計與資料分析原理」以及「系統開發資源」等。內容包含 AI 發展歷程、相關供應商及其技術背景、生成式 AI 核心知識、不同場域間的應用，以及發展 AI 所需具備的知識理論與實踐方法。最後，輔以熟悉 AI 系統開發資源，在未來透過更聰明的演算法，布局出完美的應用。

根據 104 人力銀行調查指出，七成企業認為擁有證照的員工績效相對較好，八成企業會優先面試。企業人才技能認證（TQC）通過「教育部技專校院民間證照認證」採認評鑑，為國內企業證照持有率第一名、各行各業採用普及度最高。多所大學卓越教學或高教深耕計畫之資訊能力提升方案中亦採用本會訂定的技能規範及評核標準。由此可見本會多年來推廣「培訓、徵才、任用、內訓、考核」五合一的資訊專業證照，已普遍獲得教育界與企業界的肯定與採用。

　　在「專業掛帥、證照引路」的職場競爭中，學歷不再是就業的保證書，成功的秘訣取決於個人專業能力與對工作的責任感。萬全的準備是您爭取優質工作的不二法門，紮實的實力是您在職場揮灑的後盾。希望透過本會的推廣，能協助國人提升資訊技術能力，與國際資訊應用發展技術同步接軌，在全球人力共同競爭市場中，保有競爭優勢。

財團法人中華民國電腦技能基金會

董事長　杜全昌

# 目 錄

如何使用本書

軟硬體需求

商標及智慧財產權聲明

系統使用說明

序

## 第一章　TQC 證照說明

**1-1**　TQC 證照介紹 ................................................................. 1-2

**1-2**　取得 TQC 認證的優勢 ...................................................... 1-6

**1-3**　企業採用 TQC 證照的三大利益 ...................................... 1-8

**1-4**　如何取得 TQC 證照 .......................................................... 1-9

　　　1-4-1　如何準備考試 ........................................................ 1-10

　　　1-4-2　報名考試與繳費 .................................................... 1-12

　　　1-4-3　技能認證的測驗對象 ............................................ 1-14

　　　1-4-4　技能認證測驗內容 ................................................ 1-14

　　　1-4-5　技能認證測驗方式 ................................................ 1-15

# 實力養成篇

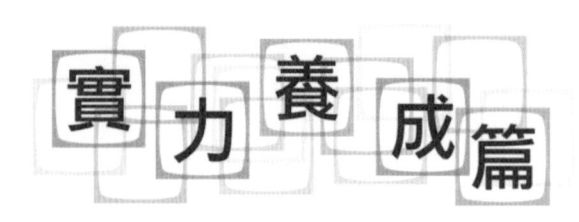

## 第二章 題庫練習系統－操作指南

**2-1** 題庫練習系統安裝流程 ................................................. 2-2

**2-2** 學科練習程序 ............................................................. 2-8

**2-3** TQC 題庫練習系統 單機版說明 ................................... 2-12

## 第三章 技能測驗－學科題庫

**3-1** 學科題庫分類及涵蓋技能內容 ....................................... 3-2

**3-2** 第一類：AI 發展歷程與生態系 ..................................... 3-4

**3-3** 第二類：AI 應用領域與產業發展 ................................. 3-15

**3-4** 第三類：生成式 AI ..................................................... 3-24

**3-5** 第四類：AI 演算法及專家系統 ..................................... 3-38

**3-6** 第五類：AI 機器學習原理 ........................................... 3-56

**3-7** 第六類：AI 統計與資料分析原理 ................................. 3-73

**3-8** 第七類：AI 系統開發資源 ........................................... 3-82

## 第四章　模擬測驗－操作指南

**4-1**　CSF 測驗系統-Client 端程式安裝流程 ............................. 4-2

**4-2**　程式權限及使用者帳戶設定 ............................................. 4-8

**4-3**　實地測驗操作程序範例 ..................................................... 4-11

　　　4-3-1　測驗注意事項 ........................................................ 4-12

　　　4-3-2　實地測驗操作演示 ................................................ 4-13

## 第五章　實力評量－模擬試卷

　　試卷編號：AI1-0001

　　試卷編號：AI1-0002

　　試卷編號：AI1-0003

　　模擬試卷標準答案

## 附錄

　　TQC 技能認證報名簡章

　　問題反應表

# 第一章 ▶
## TQC 證照說明

## 1-1　TQC 證照介紹

人才是企業重要的資源，找到合適的人才一直都是企業人力資源部門經年累月辛苦努力的大事，但如何以最經濟有效的方式尋得所需，也成為人力資源經理的一大挑戰。許多人事主管秉持寧缺勿濫的理念，也有極少部分抱持「無魚，蝦也好」的觀念，一個是堅持理想，一個是妥協務實，無所謂對或錯。

因此，履歷表、自傳和面談是人事主管常用的徵人技巧。精明的人事主管在這些過程中經常可以非常迅速地畫出應徵者的輪廓，並且遽下判斷應徵者是否就是他所需要的，但通常趨於主觀；也有越來越多的人事主管使用心理測驗、專業技能測驗和電腦技能測驗等客觀工具來驗證應徵者所謂的 3Q（IQ、EQ 和 TQ）。智力（IQ）和品格、工作態度、性向（EQ），以及專業技能和電腦技能（TQ，Techficiency Quotient），作為面談的先期資訊和選才的佐證。

財團法人中華民國電腦技能基金會（Computer Skills Foundation）基於「推廣電腦技能、普及資訊應用」的主旨，針對企業做了一份「企業徵才重點」調查，對象涵蓋全國 3,500 家企業，其中 52%的受訪者在用人時會要求應徵者必須先具備部分電腦技能，而這項要求會因職缺的不同而異，企業內部不同職務需要不同電腦技能，例如：中英文輸入、文書處理、試算表、資料庫、簡報、內部網路、網際網路、作業系統、程式設計、網頁設計…等。TQC（Techficiency Quotient Certification）企業人才技能認證，正是 CSF 針對企業用才需求，所提出來的一項整合性認證。

TQC 企業人才技能認證經過詳細調查、分析各職務工作需求，確認從事該項職務究竟應具備哪些電腦技能，再對所有電腦技能測驗項目重新歸類整合而成，不但能讓有志於從事該項職務的人員掌握學習的方向，對求才企業也提供了更快速、更客觀、更簡化的人才甄選程序。二十一世紀正值資訊應用的快速發展期，亦是國家 IT 發展的成長期，應著重於導引國人運用現代科技的便利、適切地融入生活，並協助企業及其員工維持生產效能、永續戰力。

TQC 目前規劃的認證,包括了專業英文秘書人員、專業企畫人員、專業財會人員、專業行銷人員、專業資訊管理工程師…等。現就這些專業人員及工程師必須具備的技能說明如下,各項技能需求之括號內為測驗代號,詳細測驗內容可參考本會網站:

| 職務別 | 電腦技能需求 |
| --- | --- |
| 專業中文秘書人員 | • 中文輸入 (C2)<br>• 文書處理 (R2)<br>• 電子試算表 (X1)<br>• 電腦簡報 (P2)<br>• 雲端技術及網路服務 (CI1) |
| 專業英文秘書人員 | • 英文輸入 (E2)<br>• 文書處理 (R2)<br>• 電子試算表 (X1)<br>• 電腦簡報 (P2)<br>• 雲端技術及網路服務 (CI1) |
| 專業日文秘書人員 | • 日文輸入 (J2)<br>• 文書處理 (R2)<br>• 電子試算表 (X1)<br>• 電腦簡報 (P2)<br>• 雲端技術及網路服務 (CI1) |
| 專業企畫人員 | • 文書處理 (R1)<br>• 電子試算表 (X2)<br>• 電腦簡報 (P2)<br>• 雲端技術及網路服務 (CI2) |
| 專業財會人員 | • 文書處理 (R1)<br>• 電子試算表 (X2)<br>• 電腦會計 IFRS (IA2)<br>• 數字輸入 (N2) |

| 職　務　別 | 電　腦　技　能　需　求 |
|---|---|
| 專　業　行　銷　人　員 | • 文書處理 (R1)<br>• 電子試算表 (X1)<br>• 電腦簡報 (P1)<br>• 雲端技術及網路服務 (CI2) |
| 專　業　人　事　人　員 | • 中文輸入 (C1)<br>• 文書處理 (R1)<br>• 電子試算表 (X2)<br>• 雲端技術及網路服務 (CI2) |
| 專　業　文　書　人　員 | • 中文輸入 (C2)<br>• 英文輸入 (E2)<br>• 文書處理 (R2)<br>• 電子試算表 (X1) |
| 專業 e-office 人員 | • 文書處理 (R1)<br>• 電子試算表 (X1)<br>• 電腦簡報 (P1)<br>• 雲端技術及網路服務 (CI1) |
| 專業行動裝置應用工程師 | • 行動裝置應用 (MA2)<br>• 雲端技術及網路服務 (CI2) |
| 專業 Linux 系統管理工程師 | • 電子商務概論 (EC3)<br>• Linux 系統管理 (LX3) |
| 專業 Linux 網路管理工程師 | • 電子商務概論 (EC3)<br>• Linux 系統管理 (LX3)<br>• Linux 網路管理 (LM3) |
| 行　動　商　務　人　員 | • 電子商務概論 (EC3)<br>• 行動裝置應用 (MA3) |
| 雲端服務商務人員 | • 電子商務概論 (EC3)<br>• 雲端技術及網路服務 (CI3) |

| 職　務　別 | 電　腦　技　能　需　求 |
| --- | --- |
| 物聯網商務人員 | • 電子商務概論 (EC3)<br>• 物聯網智慧應用及技術 (IO3) |
| 物聯網應用<br>服　務　人　員 | • 物聯網智慧應用及技術 (IO2)<br>• 雲端技術及網路服務 (CI2)<br>• 行動裝置應用 (MA2) |
| 物聯網產品<br>企　畫　人　員 | • 物聯網智慧應用及技術 (IO1)<br>• 文書處理 (R1)<br>• 電子試算表 (X2)<br>• 電腦簡報 (P2) |
| 物聯網產品<br>行　銷　人　員 | • 物聯網智慧應用及技術 (IO1)<br>• 文書處理 (R1)<br>• 電子試算表 (X1)<br>• 電腦簡報 (P1) |
| 物聯網產品<br>管　理　人　員 | • 物聯網智慧應用及技術 (IO1)<br>• 雲端技術及網路服務 (CI2)<br>• 專案管理概論 (PF3) |

## 1-2 取得 TQC 認證的優勢

### 考 TQC 的優勢

- 最專業的認證
- 校園採認加分
- 企業採認加分
- 求職就業加分

### 取得 TQC 認證的優勢

- 在校學生者,要唸好學校,TQC 升學加分有價值!
- 專業教師者,要教好學生,TQC 評量學生有綜效!
- 一般上班族,要找好工作,TQC 求職面談有優勢!
- 企業管理者,要工作品質,TQC 人員提升有制度!
- 企業經營者,要選才育才,TQC 晉用良才有標準!
- 學校經營者,要口碑招生,TQC 畢業就業有保障!
- 學校管理者,要師生同心,TQC 師生學習有目標!
- 自我進修者,要生涯規劃,TQC 築夢踏實有累積!
- 終身學習者,要未來增值,TQC 資訊學習有延續!

### TQC 證書可抵海外大學學分

TQC 證書榮獲:澳洲國立臥龍崗大學(University of Wollongong Australia)、資訊技術學院(ITTI)、澳洲資訊科技學院(AIT)採認該會證書,擴大國內學子的升學管道,增加海外留學機會。持有電腦技能基金會核發 TQC 企業人才技能認證的任何三項技能證書,申請入學就可獲抵六個學分。

## 證照廣受各界肯定

　　TQC 認證技能指標貼近產業需求，許多企業於刊登職缺時，均指定求職者須具備 TQC 證照，如華碩、日月光、長興化學、榮成紙業、洋華光電、精誠資訊、富邦、大同、昆盈、威寶、中油、味全等各領域龍頭企業，並與和碩、華碩、廣達、宏達電、仁寶、鴻海、英業達、宏碁、聯發科、正文、精英、華寶等公司共同合作，使用認證技能指標舉辦徵才活動。詳細職缺與證照需求內容請參考 CSF 企業服務網-企業徵才公告：

http://hr.csf.org.tw/JobList.aspx

## 1-3 企業採用 TQC 證照的三大利益

企業的作戰力來自基層，精明卓越的將帥，需要機動靈活、士氣高昂、戰技優良的基層戰鬥團隊。在此競爭以及變遷激烈的資訊化時代下，電腦技能已經是不可或缺的一項現代化戰技，而且是越多元化、越紮實化越佳。TQC 人才認證可以讓企業確保其員工擁有達到相當水準的現代化戰技。經由這項認證的實施，企業至少可以獲得以下三項利益：

### 提高選才效率、降低尋人成本

讓電腦技能成為應徵者必備的技能，憑藉 TQC 人才認證所發證書，企業立即瞭解應徵者電腦技能實力，可以擇優而用，無須再花時間成本驗證，選才經濟、迅速。求職者在投入工作前，即具備可以獨立作業的專業技能，是每一位老闆的最愛。

### 縮短職前訓練、儘快加入戰鬥團隊

企業無須再為安排電腦技能職前訓練傷神，可以將職前訓練更專注於其他專業訓練，或者縮短訓練時間，讓新進同仁邁入「做中學」另一階段的在職訓練，大大縮短人才訓練流程，全心去面對激烈的新挑戰。對企業來說，更可直接地降低訓練成本。

### 如虎添翼、戰力十足

新進同仁因為電腦技能的應用，專業才華更能淋漓盡致，不僅企業作戰效率提升，員工個人工作成就感也得以滿足。同時，企業再透過在職進修的鼓勵，既可延續舊員工的戰力，更進一步地刺激其不斷向上的新動力。對企業體、對員工而言可說是一舉數得。

## 1-4 如何取得 TQC 證照

　　近年來國內大力倡導並推動產業自動化，舉凡辦公室自動化、生產自動化、工廠自動化等等，均是相當熱門的課題。在推行自動化的過程，電腦軟體的應用無疑是最基本也最具關鍵性的工具。目前市面上有為數不少的電腦軟體參考手冊及入門指引，從事電腦軟體教學的老師不可勝數，學習此項技能的人士更是多如過江之鯽。在從事與電腦軟體相關性質的使用者均存有以下幾個問題：

### 初學者

- 掌握不到學習的重點，不知從何處開始入門？
- 只曉得一些指令，卻不知如何靈活運用？
- 缺少可供練習的題目，加強自我技能的提升…

### 使用者

- 沒有評量工具測試自己的功力如何？
- 如何加強對指令更深入的瞭解與應用…
- 如何取得一張具公信力的證照，以證明自己的能力！

### 教學者

- 欠缺完整的教學藍圖（從何教？教什麼？教到哪裡？）
- 花費太多的時間來設計考試題目…
- 評量考試結果及成績登錄無法電腦化！

### 用才單位

- 沒有客觀公正的標準來認定應徵者的技能程度！
- 如何挑選足以勝任的電腦操作人員！

　　針對以上的問題，電腦技能基金會特別規劃了一套完整的培訓藍圖，期能滿足各界對於視窗軟體應用相關工作性質人士的需求，本書即是在這個刻不容緩的情形下相應而生的！

## 1-4-1 如何準備考試

### 瞭解適合個人的認證考試

在考試前,建議考生先評估個人職務或日常應用所需技能,並依自己對該認證的技能經驗來報考實用、進階或專業級。此外,進入 TQC 考生服務網(https://www.TQC.org.tw),考生亦可查詢到各類科各級別的考試題型、測驗時間,同時網頁上會詳細地提供考生與該科共通的認證建議。

### 準備 TQC 認證

CSF 為考生出版了一系列實力養成暨評量及解題秘笈,考生可至 CSF 專業認證網(https://www.CSF.org.tw)中的「出版品服務」查詢各科最新的教材。若考生對自己的準備沒有十足把握,則可選擇 CSF 電腦技能基金會所授權的 TQC 授權訓練中心參加認證課程,一般課程大多以一個月為期。此外,CSF 亦和大專院校合作,於校內推廣中心開設認證班,考生可就近與 CSF 合作的大專院校推廣中心或與 CSF 北中南三區聯繫詢問。

### 選擇考試地點

TQC 認證鑑定考試係由亞太第一的資訊鑑定專業機構－－財團法人中華民國電腦技能基金會(CSF)規劃辦理,凡持有「TQC 授權訓練中心(TATC)」字樣,並由 CSF 電腦技能基金會頒發授權牌的合格訓練中心,才是 CSF 授權、認證的單位。凡參加 TQC 授權訓練中心的考生,課程結束時該中心便隨即安排考生參加考試。若為自行報名考試者,可直接至 TQC 考生服務網,進入線上報名系統,選擇理想的認證中心,以及鑑定科目和時間。

### 通過 TQC 考試,取得專業證書

通過考試者,CSF 將於一個月後寄發合格證書,若通過單科認證,則發給印有合格類科的 TQC 證書;若兌換人員別證書,則發給紙本及卡式人員別證書,並可再獲得該類別的識別標誌。持有此標誌者,代表其專業技術應用能力已獲得認可。考生可將此標誌黏貼於名片或重要識別證上,讓他人對您的專業領域一目瞭然。

## 以 TQC 證書求職

TQC 證書已為一般企業所瞭解與肯定，在覓職時，除了在自傳或履歷表中闡述自己的理想、抱負之外，若同時出示 TQC 證書，將更能突顯本身之技能專長、更容易獲得企業青睞。因為證書代表的不僅是個人的專業，更表現出持證者的那份用心和行動力。

## 1-4-2 報名考試與繳費

**採用線上報名：**

- 請至 TQC 考生服務網報名，網址：https://www.TQC.org.tw。
- TQC 各項測驗之相關規定及內容，以網站上公告為準。

**繳費方式：**

- 考場繳費：請至您報名的考場繳費。
- 使用 ATM 轉帳：報名後，系統會產生一組繳費帳號，您必須使用提款機將報名費直接轉帳至該帳號，即完成繳費；ATM 轉帳因有作業程序，請考生耐心等候處理時間；若遺忘該帳號，請由 TQC 考生服務網登入/報名進度查詢/ATM 帳號，即可查詢繳費帳號。
- 請至本會各區推廣中心繳費。

| 區域 | 推廣中心地址 | 連絡電話 |
|---|---|---|
| 北區 | 台北市 105 八德路 3 段 32 號 8 樓 | (02) 2577-8806 |
| 中區 | 台中市 406 北屯區文心路 4 段 698 號 24 樓 | (04) 2238-6572 |
| 南區 | 高雄市 807 三民區博愛一路 366 號 7 樓之 4 | (07) 311-9568 |

- 應考人完成報名手續後，請於繳費截止日前完成繳費，否則視同未完成報名，考試當天將無法應考。
- 應考人於報名繳費時，請再次上網確認考試相關科目及級別，繳費完成後恕不受理考試項目相關異動。
- 繳費完成後，本會將進行資料建檔、試場及監考人員、安排試題製作等相關考務作業，故不接受延期及退費申請，但若因本身之傷殘、自身及一等親以內之婚喪、或天災不可抗拒之因素，造成無法於報名日期應考時，得依相關憑證辦理延期手續（但以一次為限）。
- 繳費成功後，請自行上 TQC 線上報名系統確認。
- 即日起，凡領有身心障礙證明報考 TQC 各項測驗者，每人每年得申請全額補助報名費四次，科目不限，同時報名二科即算二次，餘此類推，報名卻未到考者，仍計為已申請補助。符合補助資格者，應於報名時填寫「身心障礙者報考 TQC 認證報名費補助申請表」後，黏貼相關證明文件影本郵寄至本會申請補助。

## 應考須知：

- 應考人可於測驗前三日上網確認考試時間、場次、座號。
- 應考人如於測驗當天發現考試報名錯誤（級別、科目），於考試當天恕不受理任何異動。
- 應考人應攜帶身分證明文件並於進場前完成報名及簽到手續。（如學生證、身分證、駕照、健保卡等有照片之證件）。進場後請將身分證明置於指定位置，以利監場人員核對身分，未攜帶者不得進場應考。
- 考場提供測驗相關軟、硬體設備，除輸入法外，應考人不得隨意更換考場相關設備，亦不得使用自行攜帶的鍵盤、滑鼠等。
- 應考人應按時進場，公告之測驗時間開始十五分鐘後，考生不得進場；考生繳件出場後，不得再進場；公告測驗時間開始廿分鐘內不得出場。
- 應考人考試中如遇任何疑問，為避免考試權益受損，應立即舉手反應予監場人員處理，並於考試當天以 E-MAIL 寄發本會客服，以利追蹤處理，如未及時反應，考試後恕不受理。

## 測驗成績：

- 測驗成績將於應試二週後公布在網站上，考生可於原報名之「TQC 線上報名系統」以個人帳號密碼登入歷史成績查詢，或洽考場查詢。
- 測驗成績一個月後可在 TQC 考生服務網上方橫幅選項「報名查詢」之「成績查詢」處以個人身分證統一編號查詢。
- 欲申請複查成績者，可於 TQC 線上報名系統成績公布後兩週內，下載複查申請表向主辦單位申請複查，成績複查以一次為限，逾期不予受理，成績複查費用請以網站上公告為準。
- 本認證各項目達合格標準者，由主辦單位於公布成績兩週後核發合格證書。

本會保有修改報名及測驗等相關資料之權利，若有修改恕不另行通知（TQC 各項測驗之相關規定及內容，以網站上公告為準），最新資料歡迎查詢本會網站：

- 本會網站：https://www.CSF.org.tw
- 考生服務網：https://www.TQC.org.tw

## 1-4-3 技能認證的測驗對象

具備生成式 AI 應用與技術一學期學習經驗之大專、高中（職）各科系學生，或同等學習資歷（18 小時以上）之社會人士。（建議學習時數：實用級 18 小時以上、進階級 36 小時以上、專業級 54 小時以上）。

## 1-4-4 技能認證測驗內容

TQCDK 包含各項專業領域知識認證，目前辦理的認證項目有：生成式 AI 應用與技術、人工智慧應用與技術、初級會計 IFRS、專案管理概論、物聯網智慧應用及技術等項目，生成式 AI 應用與技術詳細認證內容如下：

**生成式 AI 應用與技術技能認證：**

| 認證項目 | 等級 | 代號 | 應考時間 | 測驗內容 | 合格成績 |
|---|---|---|---|---|---|
| 生成式 AI 應用與技術 | 實用級 | AT1 | 40 分鐘 | 單選題 50 題 | 70 分 |
|  | 進階級 | AT2 | 60 分鐘 |  |  |
|  | 專業級 | AT3 |  |  |  |

**生成式 AI 應用與技術認證（實用級 AT1）：**
學科為第一至三類，單選題共 50 題，每題 2 分，總計 100 分。於認證時間 40 分鐘內作答完畢，成績加總達 70 分（含）以上者該科合格。

**生成式 AI 應用與技術認證（進階級 AT2）：**
學科為第一至五類，單選題共 50 題，每題 2 分，總計 100 分。於認證時間 60 分鐘內作答完畢，成績加總達 70 分（含）以上者該科合格。

**生成式 AI 應用與技術認證（專業級 AT3）：**
學科為第一至七類，單選題共 50 題，每題 2 分，總計 100 分。於認證時間 60 分鐘內作答完畢，成績加總達 70 分（含）以上者該科合格。

## 1-4-5 技能認證測驗方式

　　為使讀者能清楚有效的瞭解整個實際測驗的流程及所需時間。請參閱下列「技能測驗流程圖」為專業級測驗流程所作之說明。另外,「測驗操作程序圖」則針對考生實地參加測驗所須操作之程序,進行一詳細解說。在看過這二個簡單而清晰的流程圖後,請搭配「4-3 實地測驗操作程序範例」一節內的實際範例學習,加強對本項測驗流程之瞭解。

### 技能測驗流程圖

*預備動作
- 執行測驗程式
- 進入測驗準備畫面

↓

考生進場
- 考生簽名
- 核對證件
- 對號入座

↓

*注意事項及測驗流程說明
- 聆聽注意事項與測驗流程

↓

進行測驗
- 登入測驗系統
- 依題目說明作答
- 依題目要求儲存作答檔案

↓

結束測驗
- 存檔完成並交回測驗試卷

*由監考人員執行

## 測驗操作程序圖

熟悉系統與周邊裝置操作

登入測驗系統
（輸入身分證統一編號）

閱覽注意事項

進行學科測驗

結束學科測驗

結束測驗

TQC

Techficiency Quotient Certification

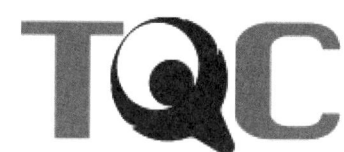

企業人才技能認證

# 實力養成篇

第二章 ▶

題庫練習系統－操作指南

## 2-1 題庫練習系統安裝流程

步驟一：執行附書系統，選擇「TqcCAI_AI1_Setup.exe」開始安裝程序。
（附書系統下載連結及系統使用說明，請參閱「如何使用本書」）

步驟二：在詳讀「授權合約」後，若您接受合約內容，請按「接受」鈕繼續安裝。

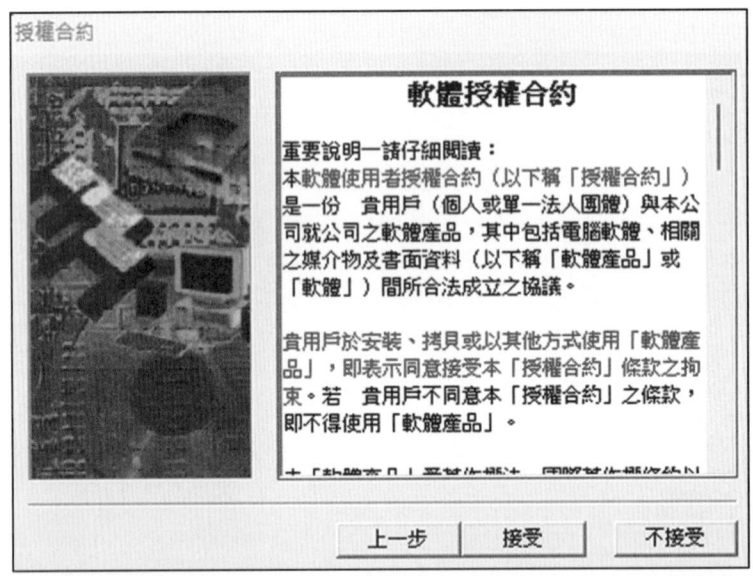

步驟三：輸入「使用者姓名」與「單位名稱」後，請按「下一步」鈕繼續安裝。

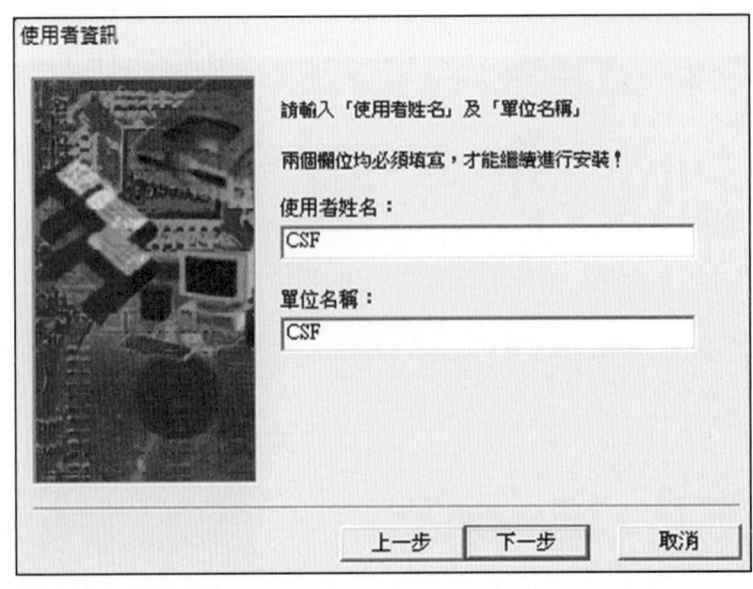

**步驟四**：系統的安裝路徑必須為「C:\TqcCAI.csf」。安裝所需的磁碟空間約113MB。

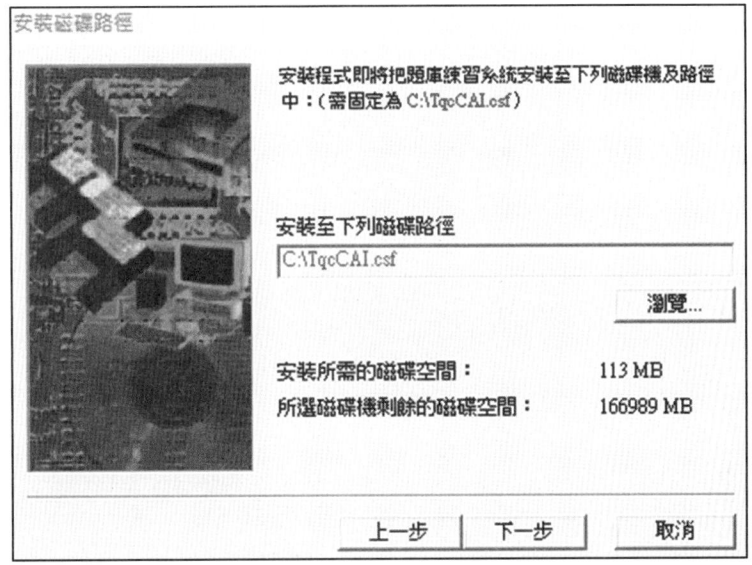

**步驟五**：設定本系統在「開始/所有程式」內的資料夾第一層捷徑名稱為「TQCertified 題庫練習系統」。

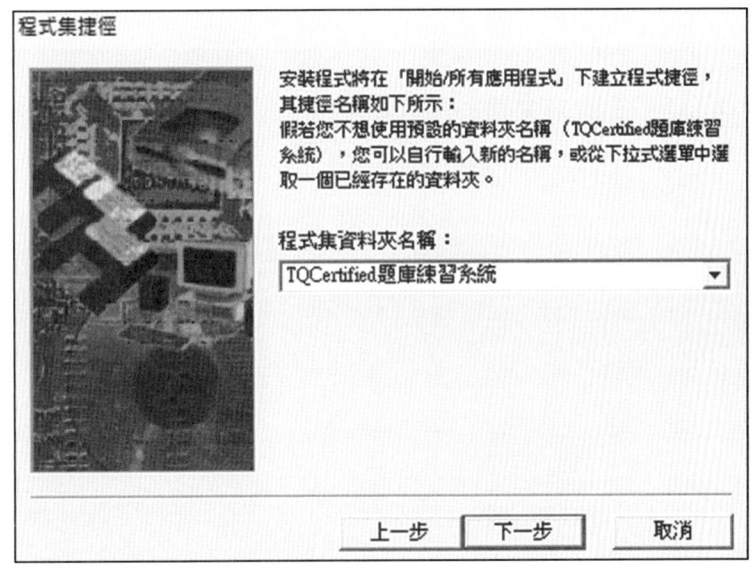

步驟六：安裝前相關設定皆完成後，請按「安裝」鈕。

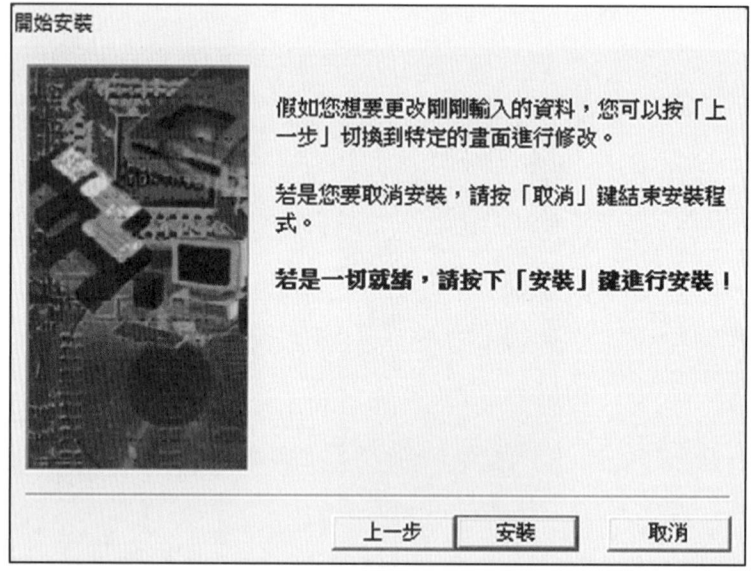

步驟七：安裝程式開始進行安裝動作，請稍待片刻。

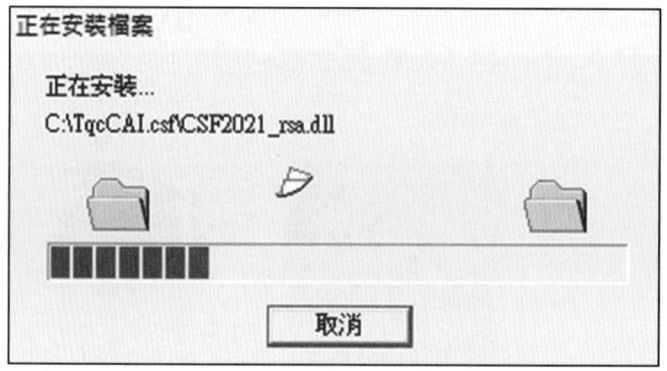

步驟八：以上的項目在安裝完成之後，安裝程式會詢問您是否要進行版本的更新檢查，請按「下一步」鈕。建議您執行本項操作，以確保系統為最新的版本。

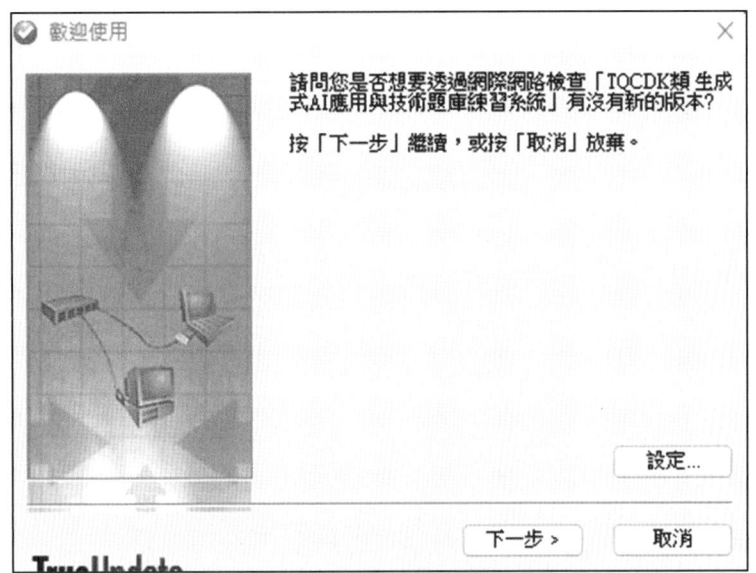

步驟九：接下來進行線上更新，請按下「下一步」鈕。

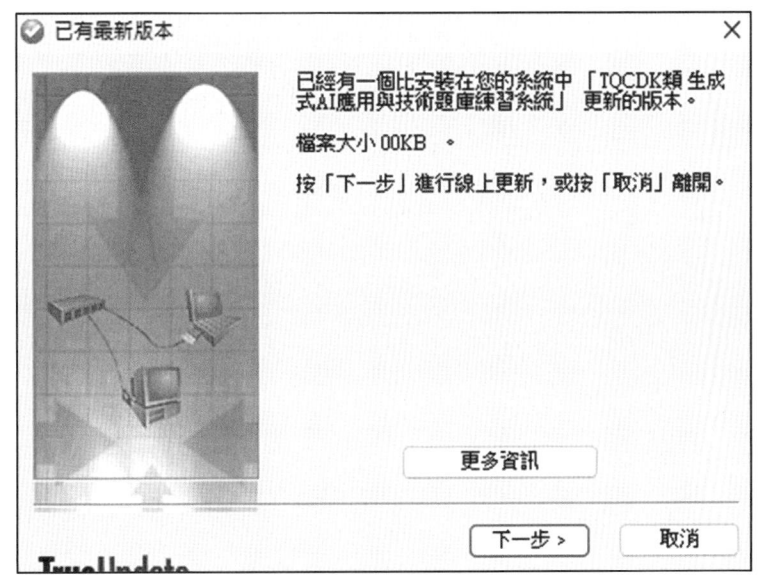

步驟十：更新完成後，出現如下訊息，請按下「確定」鈕。

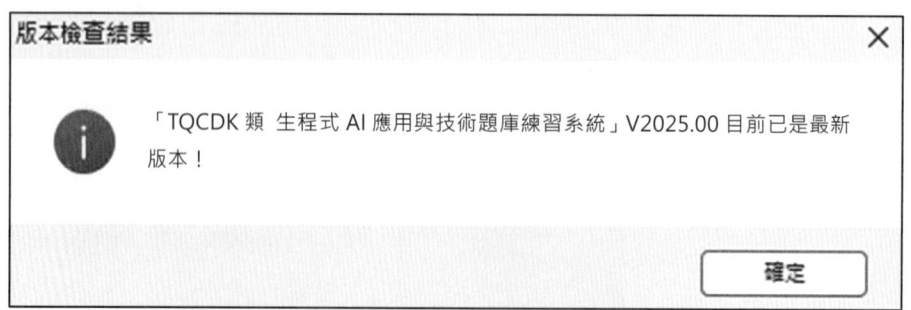

步驟十一：成功完成更新後，請按下「關閉」鈕。

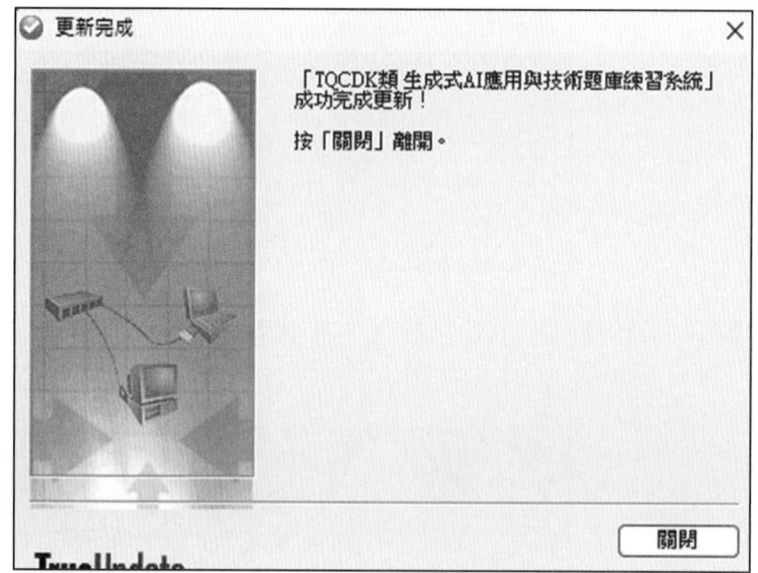

步驟十二：安裝完成！您可以透過提示視窗內的客戶服務機制說明，取得關
於本項產品的各項服務。按下「完成」鈕離開安裝畫面。

## 2-2 學科練習程序

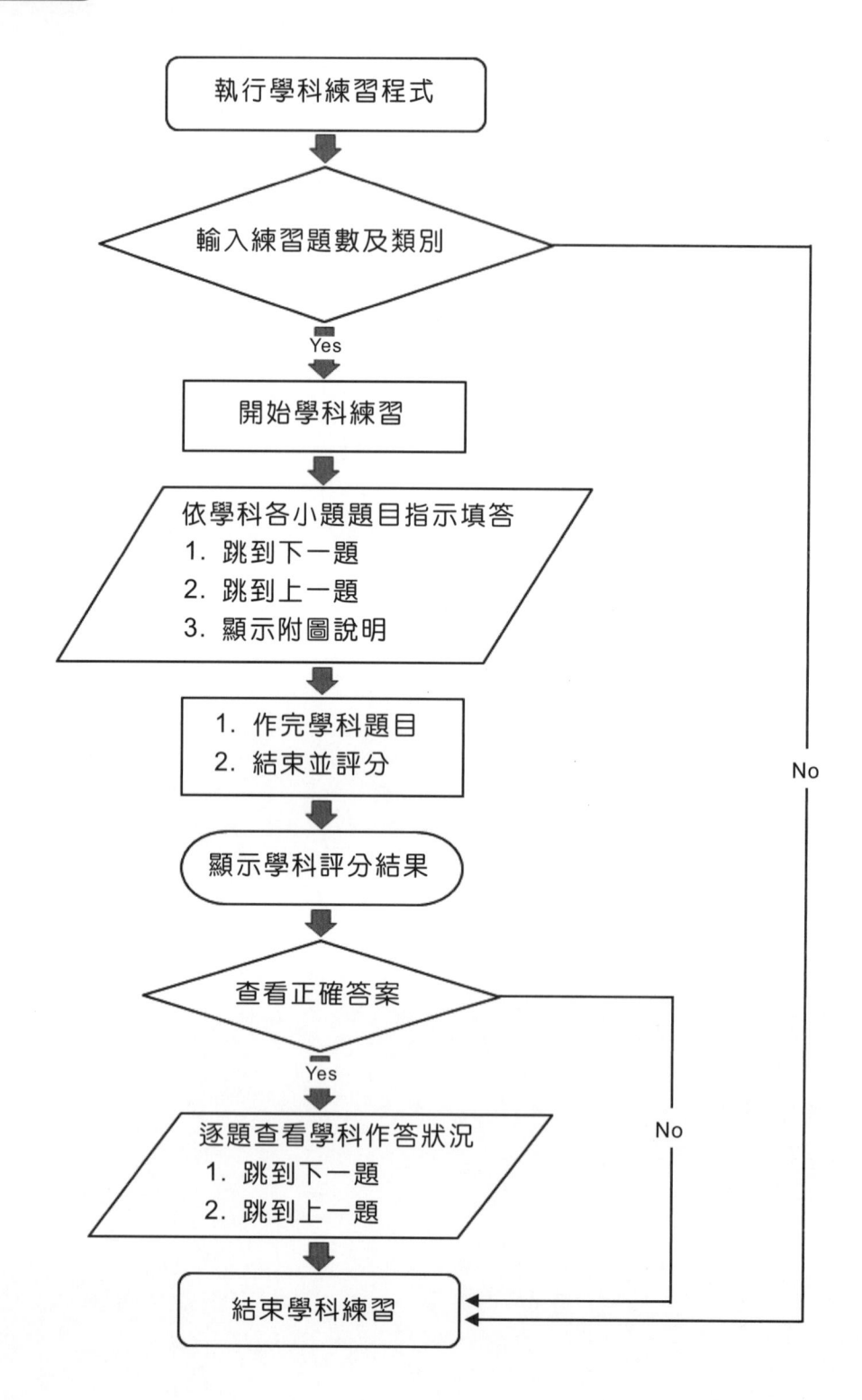

```
執行學科練習程式
        ↓
   輸入練習題數及類別 ──No──┐
        │Yes              │
    開始學科練習            │
        ↓                 │
依學科各小題題目指示填答      │
 1. 跳到下一題              │
 2. 跳到上一題              │
 3. 顯示附圖說明            │
        ↓                 │
 1. 作完學科題目            │
 2. 結束並評分              │
        ↓                 │
   顯示學科評分結果          │
        ↓                 │
   查看正確答案 ──No──┐    │
        │Yes         │    │
逐題查看學科作答狀況   │    │
 1. 跳到下一題         │    │
 2. 跳到上一題         │    │
        ↓            │    │
   結束學科練習 ←─────┴────┘
```

步驟一：執行桌面的「TQC 題庫練習系統(單機版)」程式項目。

步驟二：請點選功能列中的「學科練習」鈕。

步驟三：在「學科練習」窗格中，選擇欲練習的科目、勾選欲練習類別（第 1 至 7 類）、輸入欲練習題數後，按「開始練習」鈕。

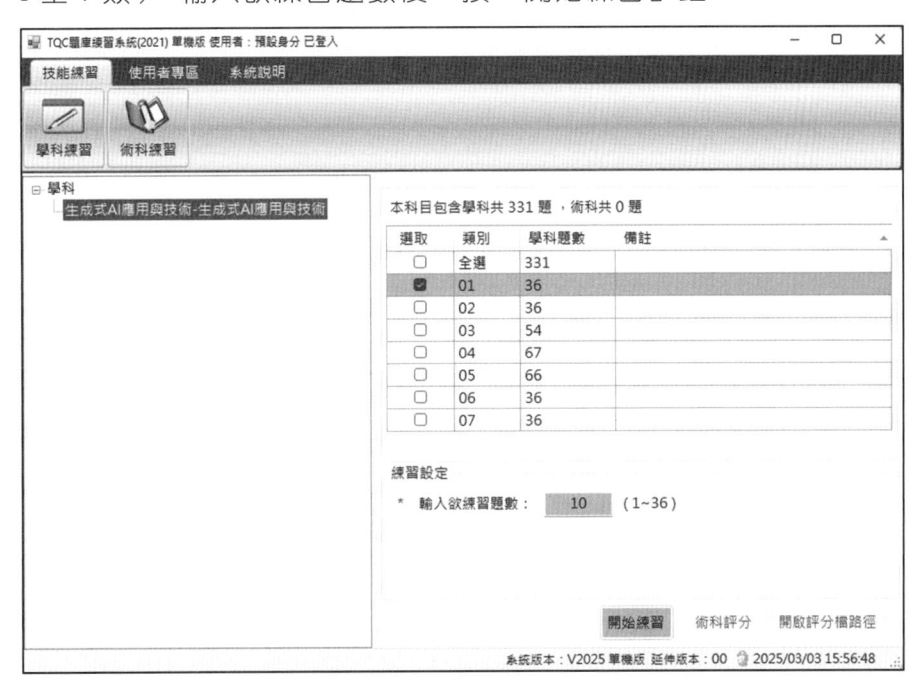

步驟四：請依照系統指示逐題作答，考生可利用「下一題」及「上一題」進行作答題目之切換，視窗下緣會顯示「使用時間」。

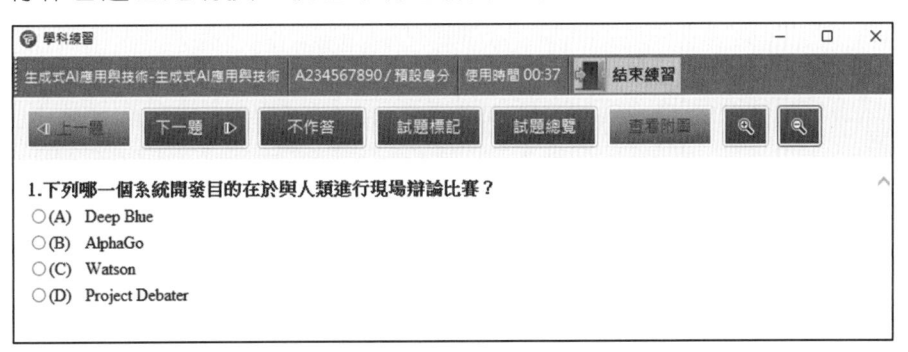

該道題目若有附圖說明，可按下「查看附圖」作為答題之參考。若對某一題先前之輸入答案沒有把握，可按下「不作答」鈕清除該題原輸入之答案，或按下「試題標記」鈕將該題註記（如欲取消該題的註記即點選「取消標記」鈕）。

步驟六：按下「試題總覽」鈕，即出現「試題總覽」窗格，除了以不同顏色顯示未作答、已作答及考生註記的題目之外，也可點選該題號前往該題。

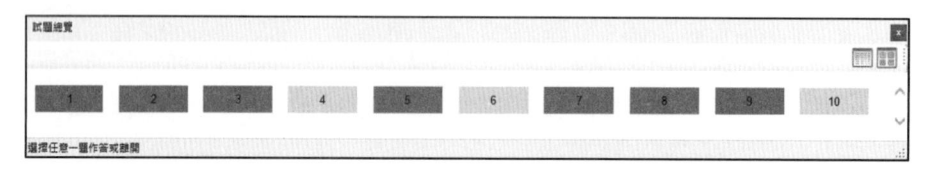

步驟七：當做完學科題目或在作答途中按下「結束練習」鈕時，會再詢問您是否確定要結束練習進行評分。

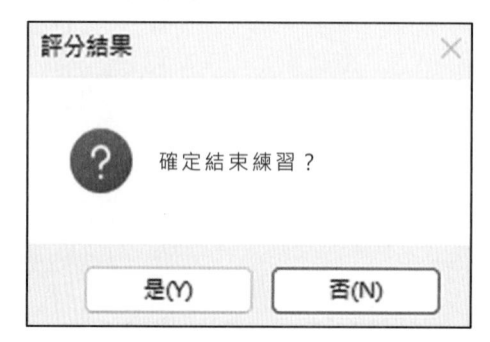

步驟八：接著會在對話方塊中顯示本次練習的評分結果。

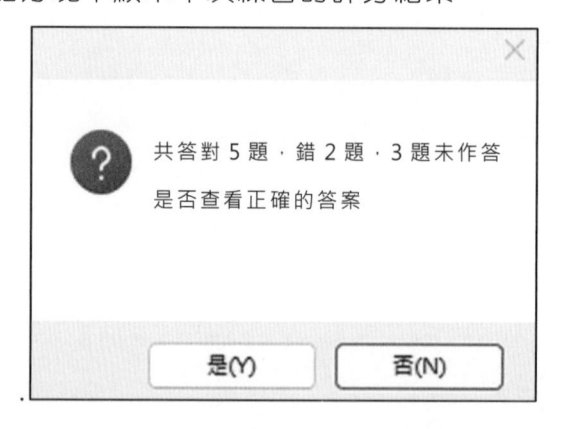

**步驟九**：可逐題查看各題作答狀況，藉以瞭解自己在哪些部分必須再作加強。按下「離開」鈕則結束本次學科練習。

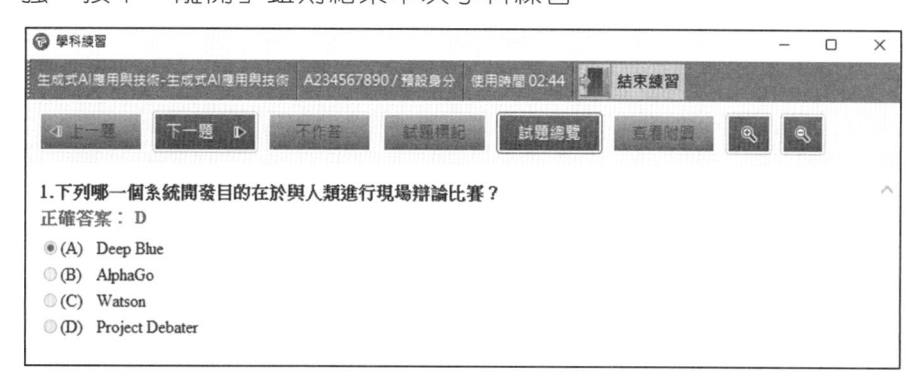

| 說明 | 1. 本系統在進行系統更新之後，系統內容與畫面可能有所變更，此為正常情形請放心使用。<br>2. 此項為供使用者練習與自我評核之用，正式考試的畫面顯示會有所差異。 |
|---|---|

## 2-3 TQC 題庫練習系統 單機版說明

本書所附的「TQC 題庫練習系統(單機版)」除了提供生程式 AI 應用與技術學科題目的練習與評分功能之外,也可記錄管理您練習的成績。使用方式如下:

**步驟一**:請在功能列點選「使用者專區/編輯身分」後,會出現「基本資料登錄」窗格,請參照預設值之資料格式,填寫您的基本資料以供系統記錄。基本資料建立完成後,請按「儲存」鈕。

步驟二：填寫完成後請按下「儲存」鈕，會連續出現「儲存基本資料」窗格及「系統訊息」窗格，分別按下「確定」鈕後即完成基本資料的建立，請再按「回主選單」鈕。

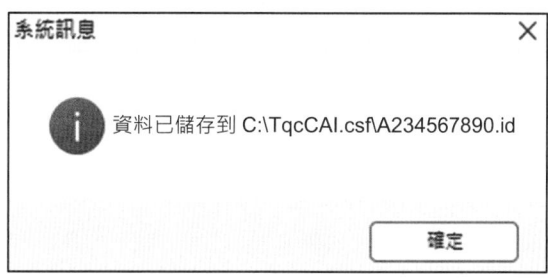

步驟三：回到主畫面後，請點選「使用者專區/登入身分」後，會出現「使用者登入」窗格，此時請選擇欲登入的身分並輸入您剛才所填寫的身分證統一編號，輸入完成後請按下「確定」鈕即登入本系統。

**步驟四**：接著請選擇學科練習功能進行練習，在評分後，即可點選「使用者專區/成績管理」，「成績管理」會記錄您在登入身分後所進行的練習成績。

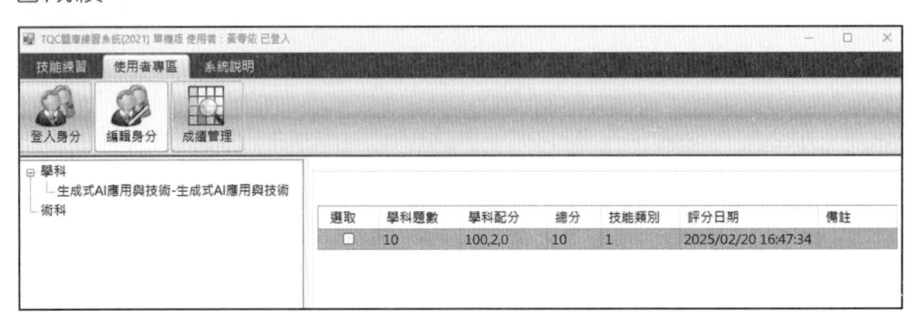

# 第三章

## 技能測驗－學科題庫

## 3-1 學科題庫分類及涵蓋技能內容

| 類　　　別 | 技　　能　　內　　容 |
|---|---|
| 第　一　類 | AI 發展歷程與生態系 |
| | 1. AI 發展歷程<br>2. AI 生態系 |
| 第　二　類 | AI 應用領域與產業發展 |
| | 1. 應用領域<br>2. 產業發展 |
| 第　三　類 | 生成式 AI |
| | 1. 生成式 AI 基本概念<br>2. 生成式 AI 模型架構<br>3. 生成式 AI 技術與算法<br>4. 生成式 AI 應用與案例<br>5. 生成式 AI 道德與法律<br>6. 生成式 AI 操作與工具 |
| 第　四　類 | AI 演算法及專家系統 |
| | 1. 搜尋（Search）<br>2. 知識的表示（Knowledge Representation）<br>3. 專家系統及推理（Expert System and Reasoning） |
| 第　五　類 | AI 機器學習原理 |
| | 1. 機器學習<br>2. 深度學習 |

| 類別 | 技能內容 |
|---|---|
| 第六類 | AI統計與資料分析原理 |
| | 1. 機率與設計<br>2. 抽樣分布<br>3. 假設檢定及迴歸模型<br>4. 探索資料分析與資料探勘<br>5. 統計式推理（Statistical Reasoning）<br>6. 基因演算法 |
| 第七類 | AI系統開發資源 |
| | 1. Python<br>2. R<br>3. GitHub<br>4. Kaggle<br>5. AWS open Data<br>6. Google Dataset Search |

## 3-2　第一類：AI 發展歷程與生態系

1-01. 科學家在 1950 年代提出了一種測試機器是否有智慧的方式：若機器所表現的行為能不被辨識出其身分，則稱這台機器具有智慧。此測試的名稱為下列哪一項？
(A) 圖靈（Turing）測試
(B) 尤拉（Euler）測試
(C) 高斯（Gauss）測試
(D) 范紐曼（Von Neumann）測試

答案：A

1-02. 在 1980 年代，名為專家系統的人工智慧程序開始被許多公司所採用。請問專家系統的主要概念為下列哪一項？
(A) 模仿專家對特定的問題進行學習的系統，主要元件為機器學習模組
(B) 針對特定領域的問題進行回答，主要元件為知識庫與專家所設計的規則
(C) 能夠比專家表現更好的人工智慧，主要元件為機器學習模組與推理機
(D) 針對廣泛領域的問題進行回答的人工智慧，主要元件為知識庫與機器學習模組

答案：B

1-03. 電腦科學家對人工智慧的智慧等級進行了數個分類。其中，若人工智慧能夠達到模仿人類解決特定問題的功能，則此人工智慧屬於下列哪一項？
(A) 強人工智慧
(B) 弱人工智慧
(C) 混合式人工智慧
(D) 仿生式人工智慧

答案：B

1-04. 由於機器學習需要大量的訓練資料來訓練其模型，因此收集資料是一件非常重要的事情。下列哪一項是可以讓我們方便收集大量資料的技術？
　　　(A) 支援複雜運算的硬體
　　　(B) 雲端服務及網際網路的普及
　　　(C) 電腦軟體技術的進步
　　　(D) 人工智慧理論的突破

答案：B

1-05. 下列哪一項可以讓模型快速地處理大量資料？
　　　(A) 具有快速處理資料的硬體
　　　(B) 網際網路的發達
　　　(C) 資料來源的多樣性
　　　(D) 資料庫技術的進步

答案：A

1-06. 現代所稱的人工智慧其實是由許多計算技術所組成的統稱。下列哪一項不屬於人工智慧領域中知名的計算技術？
　　　(A) 機器學習（Machine Learning）
　　　(B) 演化計算（Evolutionary Computation）
　　　(C) 資料探勘（Data Mining）
　　　(D) 雲端運算（Cloud Computing）

答案：D

1-07. 下列哪一項對深度學習模型的敘述是錯誤的？
　　　(A) 深度學習是由許多神經元所組成
　　　(B) 深度學習主要的學習任務就是在學習神經網路要有幾層
　　　(C) 深度學習可以執行分類任務
　　　(D) 深度學習可以執行預測任務答案

答案：B

1-08. 深度學習模型通常使用下列哪一項結構？
　　　(A) 二次方程
　　　(B) 決策樹（Decision Tree）
　　　(C) 神經網路
　　　(D) 支持向量機（SVM）
答案：C

1-09. 1970 年代初，人工智慧首次遇到瓶頸，很多當代最厲害的人工智慧都只能解決某些問題中最簡單的部分，使得許多人對於人工智慧的成效感到失望。其原因不包含下列哪一項？
　　　(A) 基礎理論的不完備
　　　(B) 許多問題的計算複雜度成指數成長
　　　(C) 許多倫理道德的問題讓大家懼怕人工智慧
　　　(D) 硬體計算能力不夠強
答案：C

1-10. 電腦科學家對人工智慧的智慧等級進行了數個分類。其中，若人工智慧能夠達到與人具有相同的自主能力，也就是喜怒哀樂的能力，則此人工智慧屬於下列哪一項？
　　　(A) 強人工智慧
　　　(B) 弱人工智慧
　　　(C) 混合式人工智慧
　　　(D) 仿生式人工智慧
答案：A

1-11. 根據不同的服務，雲端運算分成 IaaS（Infrastructure as a Service）、SaaS（Software as a Service）、PaaS（Platform as a Service）。請問 Google 的線上文件協作是屬於下列哪一種？

(A) IaaS（Infrastructure as a Service）
(B) SaaS（Software as a Service）
(C) PaaS（Platform as a Service）
(D) IaaS、SaaS、PaaS 皆有

答案：B

1-12. Amazon EC2 藉由提供 Web 服務的方式讓使用者可以彈性地執行自己的 Amazon 機器映像檔，並在這個虛擬機器上運行任何想要的軟體或應用程式。請問此種雲端服務屬於下列哪一項？

(A) IaaS（Infrastructure as a Service）
(B) SaaS（Software as a Service）
(C) PaaS（Platform as a Service）
(D) IaaS、SaaS、PaaS 皆有

答案：A

1-13. 在 Google Cloud Platform（GCP）上 Google APP Engine 的環境中，使用者不需要維護伺服器，只需將網路應用程式上傳，其他使用者即可使用該應用程式提供之服務。Google APP Engine 屬於下列哪一項？

(A) IaaS（Infrastructure as a Service）
(B) SaaS（Software as a Service）
(C) PaaS（Platform as a Service）
(D) IaaS、SaaS、PaaS 皆有

答案：C

1-14. 某公司在創立初期由於成本因素，選擇了 Google Cloud Platform（GCP）來建立該公司的系統架構，並且部署該公司的服務在其上進行營運。請問，Google Cloud Platform 屬於下列哪一種？
    (A) 公有雲（Public Cloud）
    (B) 私有雲（Private Cloud）
    (C) 社群雲（Community Cloud）
    (D) 混合雲（Hybrid Cloud）

答案：A

1-15. 許多學校單位自行擁有機房並且架設自己的雲端平台，且具有自己的資訊管理人員來管理。為了因應校內學生以及職員辦公的需要，這種雲端平台提供了相對應的服務。請問這種作法屬於下列哪一種？
    (A) 公有雲（Public Cloud）
    (B) 私有雲（Private Cloud）
    (C) 社群雲（Community Cloud）
    (D) 混合雲（Hybrid Cloud）

答案：B

1-16. 許多大的公司有自己的機房，並在其機房架設雲端平台來進行對內或對外的服務的營運。另外，同時也租用了類似 Google Cloud Platform（GCP）的雲端系統來應付需求增加時的流量。請問此種架構屬於下列哪一種？
    (A) 公有雲（Public Cloud）
    (B) 私有雲（Private Cloud）
    (C) 社群雲（Community Cloud）
    (D) 混合雲（Hybrid Cloud）

答案：D

1-17. 雲端運算技術能將資源（CPU、硬碟、記憶體、機器）自由且彈性地依照使用者需求分配。使用者可要求 10 個運算單元，每個運算單元各有 2 個 CPU、38G 的 RAM 及 2T 的硬碟。請問下列哪一項技術可達成該功能？
 (A) 虛擬化技術
 (B) 分散式運算技術
 (C) 最佳化技術
 (D) 互動式技術

答案：A

1-18. 下列哪一個系統在 1997 年擊敗西洋棋世界冠軍卡斯帕洛夫？
 (A) Deep Blue
 (B) AlphaGo
 (C) Watson
 (D) Project Debater

答案：A

1-19. 大數據這個概念被提出時，專家學者普遍認為目前資料有著 4V 的特性，使得傳統的資料庫以及資料處理方式無法有效率地處理。請問「Facebook 需要從每天產生的 130TB 的 log 中作分析」現象是 4V 中的下列哪一種？
 (A) Volume
 (B) Velocity
 (C) Variety
 (D) Veracity

答案：A

1-20. 大數據這個概念被提出時，專家學者普遍認為目前資料有著 4V 的特性，使得傳統的資料庫以及資料處理方式無法有效率地處理。請問「Google 平均每秒處理 40000 個查詢」現象是 4V 中的下列哪一種？

(A) Volume
(B) Velocity
(C) Variety
(D) Veracity

答案：B

1-21. 大數據這個概念被提出時，專家學者普遍認為目前資料有著 4V 的特性，使得傳統的資料庫以及資料處理方式無法有效率地處理。請問「Instagram 要從文字、照片、影片、限時動態中分析目前大家最關注的主題」現象是 4V 中的下列哪一種？

(A) Volume
(B) Velocity
(C) Variety
(D) Veracity

答案：C

1-22. 問答機器人屬於下列哪一種人工智慧的應用領域？

(A) 影像處理
(B) 自然語言處理（NLP）
(C) 數據處理
(D) 圖像處理

答案：B

1-23. 在人工智慧領域中,「監督學習」(Supervised Learning)是指下列哪一項?
　　(A) 無需標註數據的學習
　　(B) 使用已標註數據的學習
　　(C) 在實時環境中學習
　　(D) 無需數據的學習

答案:D

1-24. AlphaGo 在圍棋比賽中成功擊敗人類主要源自於下列哪一種技術的突破?
　　(A) 支持向量機(SVM)
　　(B) 深度強化學習
　　(C) 迴歸分析
　　(D) 知識圖譜

答案:B

1-25. 下列哪一個系統開發目的在於與人類進行現場辯論比賽?
　　(A) Deep Blue
　　(B) AlphaGo
　　(C) Watson
　　(D) Project Debater

答案:D

1-26. 知名的深度學習框架 TensorFlow 是由下列哪一個公司推出?
　　(A) Microsoft
　　(B) Meta
　　(C) OpenAI
　　(D) Google

答案:D

1-27. 在自然語言處理（NLP）中，下列哪一個技術用於讓計算機理解文本的含義？
(A) 物聯網
(B) 詞嵌入
(C) 錯誤檢查
(D) 程式碼優化

答案：B

1-28. GPT-3 是由下列哪一個公司開發？
(A) Microsoft
(B) Meta
(C) OpenAI
(D) Google

答案：C

1-29. 現在有許多企業開始進行與人工智慧有關的業務。籌組企業人工智慧團隊時，最典型的角色不包含下列哪一項？
(A) 機器學習科學家（Machine Learning Scientist）
(B) 資料科學家（Data Scientist）
(C) 銷售人員（Sales）
(D) 軟體工程師（Software Engineer）

答案：C

1-30. 人工智慧在醫療診斷中最常見的應用是下列哪一項？
(A) 病歷管理
(B) 影像識別
(C) 財務分析
(D) 知識管理

答案：B

1-31. 自動駕駛技術最依賴下列哪一種 AI 技術？
  (A) 自然語言處理（NLP）
  (B) 電腦視覺
  (C) 機器學習
  (D) 量子計算

**答案：B**

1-32. 下列哪一項不是 AI 技術對金融行業的幫助？
  (A) 縮短交易時間
  (B) 提高風險評估精度
  (C) 自動化報告生成
  (D) 增加資金流動

**答案：D**

1-33.「黑箱」問題在人工智慧模型中指的是下列哪一項？
  (A) 數據隱私與保護的挑戰
  (B) 模型的運作和決策過程缺乏可解釋性和透明度
  (C) 訓練數據的質量不足以支持模型有效學習
  (D) 計算資源不足以進行充分的模型訓練

**答案：B**

1-34. 在人工智慧的倫理討論中，下列哪一項為最重要的議題之一？
  (A) 如何提升計算效率
  (B) 如何有效保護用戶的隱私
  (C) 如何增加模型的複雜性
  (D) 如何擴展人工智慧的應用領域

**答案：B**

1-35. 在人工智慧的發展歷程中,「AI 冬天」是指下列哪一項時期?
    (A) 投資減少和對技術期待過高導致的冷淡期
    (B) 重大技術突破後的快速發展期
    (C) AI 技術廣泛應用的興起時期
    (D) 僅限於學術界的研究增長期

答案:A

1-36. 在 AI 系統的應用中,「可解釋性」最主要是指下列哪一項?
    (A) 系統在執行任務時的運行速度與效率
    (B) 模型預測結果的準確性和可靠性
    (C) 用戶能夠理解 AI 模型作出決策的過程
    (D) 數據的可用性和獲取難易程度

答案:C

## 3-3 第二類：AI 應用領域與產業發展

2-01. 請問下列哪一種不為常見電腦視覺技術的應用之一？
(A) 停車場用的車牌辨識系統
(B) YouTube 的自動字幕產生器
(C) 無人商店自動結帳
(D) iPhone 上的 Face ID

答案：B

2-02. 請問下列哪一項不為目前人工智慧應用在醫療領域上的案例？
(A) 接收醫療用的各種感應器的訊息來重建醫療用影像
(B) 解讀病人的 X 光片判斷是否罹患肺炎
(C) 人工智慧系統給出癌症判斷以及治療建議
(D) 供醫生參考之雲端用藥系統

答案：D

2-03. 在自動駕駛中，下列哪一項演算法最常用於檢測道路上的行人？
(A) 支持向量機（SVM）
(B) 卷積神經網路（CNN）
(C) 遞迴神經網路（RNN）
(D) K-最近鄰（KNN）

答案：B

2-04. 在自動駕駛領域中，深度學習的卷積神經網路（CNN）主要用於下列哪一項？
(A) 自動生成路徑規劃
(B) 分析和辨識攝影機拍攝的圖像
(C) 處理語音命令
(D) 優化燃料消耗

答案：B

2-05. AI 在醫療診斷中應用廣泛，其中深度學習的「過擬合」（Overfitting）問題對產業有下列哪一項潛在影響？
(A) 提高模型的預測精度
(B) 降低模型對未見數據的泛化能力，導致診斷錯誤
(C) 增強模型對新型疾病的應對能力
(D) 提高數據處理速度

答案：B

2-06. 請問下列的技術中，下列哪一項不為自駕車中重要研究議題之一？
(A) 各種感測器技術
(B) 交通符號辨識
(C) 自駕車定位系統
(D) 物體偵測技術

答案：C

2-07. 在 AI 產業中，下列哪一項技術領域最常用來進行圖像識別？
(A) 強化學習（RL）
(B) 自然語言處理（NLP）
(C) 卷積神經網路（CNN）
(D) 生成對抗網路（GAN）

答案：C

2-08. 下列哪一種技術是現代語音助理（如 Siri 和 Alexa）背後的核心技術？
(A) 支持向量機（SVM）
(B) 自然語言處理（NLP）
(C) 強化學習（RL）
(D) 深度強化學習（DRL）

答案：B

2-09. 下列哪一種神經網路結構最常用於自然語言處理（NLP）任務？
- (A) 卷積神經網路（CNN）
- (B) 遞迴神經網路（RNN）
- (C) 自組織映射（SOM）
- (D) 支持向量機（SVM）

答案：B

2-10. 自注意力機制在下列哪一項神經網路架構中產生關鍵作用？
- (A) 卷積神經網路（CNN）
- (B) 遞迴神經網路（RNN）
- (C) Transformer
- (D) 生成對抗網路（GAN）

答案：C

2-11. 下列哪一項 AI 技術最適合用於圖像生成任務？
- (A) 決策樹（Decision Tree）
- (B) 生成對抗網路（GAN）
- (C) 支持向量機（SVM）
- (D) 強化學習（RL）

答案：B

2-12. AI 產業中，下列哪一種學習模式更適合用於解決無標籤數據的問題？
- (A) 監督學習（Supervised Learning）
- (B) 半監督學習
- (C) 無監督學習（Unsupervised Learning）
- (D) 強化學習（RL）

答案：C

2-13. AI 在醫療影像中的應用，通常使用下列哪一種演算法來進行醫學圖像的分割？
(A) K-均值聚類
(B) U-Net
(C) 隨機森林（Random Forest）
(D) 主成分分析（PCA）

答案：B

2-14. 隨著人工智慧（AI）與物聯網（IoT）發展，兩者匯流進化成 AIoT，驅動「智慧應用」排山倒海而來，全球科技龍頭們搶進 AIoT 的市場。物聯網（IoT）在 AIoT 的主要功能不包含下列哪一項？
(A) 資料感測
(B) 資料分析
(C) 資料收集與彙整
(D) 資料傳輸

答案：B

2-15. 請問人工智慧（AI）部分在 AIoT 所扮演的角色與功能不含下列哪一項？
(A) 資料前處理
(B) 執行機器學習演算法
(C) 執行梯度下降的演算法
(D) 資料傳輸與感測

答案：D

2-16. AI 產業中的邊緣計算技術主要解決下列哪一項問題？
(A) 資料存儲
(B) 資料傳輸頻寬和延遲
(C) 數據清洗
(D) 模型複雜性數據前處理

答案：B

2-17. 智慧製造總稱具有資訊自感知、自決策、自執行等功能的先進製造過程、系統與模式。請問智慧製造中的關鍵技術不包含下列哪一項？
(A) 人工智慧
(B) 雲端計算無線傳輸技術
(C) 物聯網感測技術
(D) 自然語言技術

答案：D

2-18. 在圖像識別任務中，資料增強的目的是下列哪一項？
(A) 提高模型的推理速度
(B) 增強模型的魯棒性
(C) 減少模型的參數
(D) 增加模型的容量

答案：B

2-19. 下列哪一種方法最適合用於對時間序列資料進行預測？
(A) 卷積神經網路（CNN）
(B) 支持向量機（SVM）
(C) 遞迴神經網路（RNN）
(D) 隨機森林（Random Forest）

答案：C

2-20. AI 產業中，下列哪一項技術最適合用來分析時序數據？
(A) 卷積神經網路（CNN）
(B) 長短期記憶網路（LSTM）
(C) 生成對抗網路（GAN）
(D) 支持向量機（SVM）

答案：B

2-21. 在自然語言處理（NLP）任務中，BERT 模型的主要創新是下列哪一項？
(A) 使用生成對抗網路（GAN）
(B) 引入了雙向的 Transformer 結構
(C) 基於卷積的文本生成
(D) 強化學習（RL）技術

答案：B

2-22. 在 AI 應用中，下列哪一項場景最適合使用「強化學習」（RL）技術？
(A) 自然語言處理（NLP）和文本生成
(B) 複雜的決策過程如遊戲 AI 或自動駕駛
(C) 圖像分類和物體檢測
(D) 無監督學習（Unsupervised Learning）的數據聚類

答案：B

2-23. 在 AI 產業中，下列哪一項技術正在改變醫療領域的圖像診斷？
(A) 卷積神經網路（CNN）
(B) 支持向量機（SVM）
(C) 強化學習（RL）
(D) 自然語言處理（NLP）

答案：A

2-24. AI 在醫療影像分析中的主要應用是下列哪一項？
(A) 生成醫療報告
(B) 自動識別異常病變
(C) 提供個性化治療建議
(D) 減少醫生工作量

答案：B

2-25. 在聊天機器人的設計中，下列哪一項技術最常用於理解用戶的意圖？
    (A) 自然語言處理（NLP）
    (B) 卷積神經網路（CNN）
    (C) 隨機森林（Random Forest）
    (D) 生成對抗網路（GAN）

答案：A

2-26. 下列哪一項描述 AI 在製造業實現預測性維護的方式？
    (A) 增加設備數量
    (B) 分析運行數據預測設備故障
    (C) 減少工人的工作時間
    (D) 提高產品的設計質量

答案：B

2-27. 在社交媒體平台上，AI 最常用於下列哪一種功能？
    (A) 提高用戶註冊數
    (B) 內容推薦系統
    (C) 提升硬體的計算效能
    (D) 社交功能的設計

答案：B

2-28. 在 AI 驅動的自動化客服系統中，下列哪一種技術用於實現對用戶問題的智慧應答？
    (A) 支持向量機（SVM）
    (B) Transformer
    (C) K-最近鄰（KNN）
    (D) 卷積神經網路（CNN）

答案：B

2-29. 在 AI 中，注意力機制的主要作用是下列哪一項？
(A) 提高模型的可解釋性
(B) 聚焦於輸入序列的關鍵部分
(C) 降低模型的複雜度
(D) 增強資料的稀疏性

答案：B

2-30. 在影像處理領域，常用於邊緣檢測的演算法是下列哪一項？
(A) Canny 演算法
(B) K-Means 聚類
(C) 支持向量機（SVM）
(D) 遞迴神經網路（RNN）

答案：A

2-31. 下列哪一項為長短期記憶網路（LSTM）在時間序列預測中的表現通常優於傳統遞迴神經網路（RNN）的原因？
(A) 長短期記憶網路（LSTM）能夠有效處理長期依賴問題
(B) 長短期記憶網路（LSTM）需要的參數更少
(C) 長短期記憶網路（LSTM）不需要進行反向傳播
(D) 長短期記憶網路（LSTM）適合處理靜態數據

答案：A

2-32. 在自動駕駛技術中，激光雷達（LiDAR）數據分析的主要目的為下列哪一項？
(A) 增加路徑選擇
(B) 獲取三維環境信息
(C) 優化燃料消耗
(D) 減少計算需求

答案：B

2-33. 下列哪一種 AI 技術用於透過歷史交易記錄預測股票市場的趨勢？
　　　(A) 強化學習（RL）
　　　(B) 支持向量機（SVM）
　　　(C) 遞迴神經網路（RNN）
　　　(D) 決策樹（Decision Tree）

答案：C

2-34. 在影像監控系統中，深度學習的作用是下列哪一項？
　　　(A) 簡化影像存儲
　　　(B) 及時偵測和行為分析
　　　(C) 降低影像質量
　　　(D) 增加數據延遲

答案：B

2-35. 在數據預處理中，正規化技術的主要作用是下列哪一項？
　　　(A) 減少數據集的大小
　　　(B) 將特徵縮放到相同範圍
　　　(C) 忽略異常值
　　　(D) 僅適用於分類任務

答案：B

2-36. 在物流管理中，AI 優化運輸路徑為下列哪一項？
　　　(A) 隨機選擇運輸路徑
　　　(B) 透過分析交通數據和地理信息計算最佳路徑
　　　(C) 減少運輸的靈活性
　　　(D) 僅依賴固定的運輸計畫

答案：B

## 3-4　第三類：生成式 AI

3-01. 關於生成式 AI 的敘述，下列哪一項錯誤？
    (A) 生成式 AI 是通過學習大量數據來生成新數據的技術
    (B) 生成式 AI 常用的技術包括生成對抗網路（GAN）、長短期記憶網路（LSTM）和 Transformer 模型
    (C) 生成式 AI 僅能用於生成圖像數據，無法生成文本或音頻數據
    (D) Transformer 模型是一種在生成式 AI 中常用的深度學習架構
    答案：C

3-02. 在生成對抗網路（GAN）的訓練過程中，生成器和判別器之間關係如何影響模型的學習效果，下列哪一項描述正確？
    (A) 生成器和判別器相互獨立工作，不會相互影響
    (B) 生成器和判別器協同工作，共同提高模型的準確性
    (C) 生成器和判別器相互對抗，生成器試圖欺騙判別器，而判別器試圖識別生成數據的真偽
    (D) 生成器負責訓練判別器，判別器則負責生成新數據
    答案：C

3-03. 關於池化層的敘述，下列哪一項錯誤？
    (A) 抓取重要特徵，去掉不重要的部分
    (B) 提升運作效能
    (C) 多採用最小池化
    (D) 控制過擬合（Overfitting）
    答案：C

3-04. 下列哪一項不是分群演算法？
    (A) K-means 聚類
    (B) Hierarchical
    (C) Regress
    (D) Density-Based
    答案：C

3-05. 關於長短期記憶網路（LSTM）的敘述，下列哪一項錯誤？
    (A) 具有長短期記憶
    (B) 藉由輸入閘、輸出閘、遺忘閘控制資料是否輸入或輸出
    (C) 解決遞迴神經網路（RNN）沒有長期記憶的問題
    (D) 無法處理連續性資料

答案：D

3-06. 下列哪一項為生成式 AI 在訓練過程中學習數據分佈？
    (A) 訓練生成模型逼近數據分佈
    (B) 利用特徵提取
    (C) 運用資料增強技術
    (D) 透過卷積運算提高效率

答案：A

3-07. 下列哪一項關於生成式 AI 的敘述正確？
    (A) 生成式 AI 強調預測準確率（Accuracy）
    (B) Transformer 是常見生成式 AI 模型的一種
    (C) 生成式 AI 只能從已看過的資料中選擇輸出
    (D) 著名的圍棋 AI AlphaGo 使用生成式 AI 來生成候選棋步

答案：B

3-08. 下列哪一項不是生成式 AI 的相關技術？
    (A) 長短期記憶網路（LSTM）
    (B) 生成對抗網路（GAN）
    (C) 自然語言處理（NLP）
    (D) 一次性密碼（OTP）

答案：D

3-09. 在 CLIP 模型中，下列哪一項是生成式 AI 的目的？
 (A) 將影像轉換為文本描述並進行檢索
 (B) 從文本生成相應的影像
 (C) 生成與輸入影像無關的虛擬數據
 (D) 生成高分辨率影像並進行放大

答案：A

3-10. 下列哪一項描述說明生成式 AI 與傳統 AI 方法有何區別？
 (A) 傳統 AI 更關注生成新數據，而生成式 AI 更關注數據分類
 (B) 生成式 AI 能夠生成新的數據樣本，而傳統 AI 主要用於數據分類或迴歸
 (C) 傳統 AI 主要用於無監督學習（Unsupervised Learning），而生成式 AI 主要用於監督學習（Supervised Learning）
 (D) 生成式 AI 只適用於處理結構化數據，而傳統 AI 適用於處理非結構化數據

答案：B

3-11. 在生成對抗網路（GAN）中，生成器（Generator）的主要功能是下列哪一項？
 (A) 判斷輸入數據是否為真實數據
 (B) 儲存並處理訓練數據
 (C) 生成類似於真實數據的假數據
 (D) 減少模型的損失函數值

答案：C

3-12. 下列哪一項是常用的生成式 AI 架構？
 (A) 卷積神經網路（CNN）
 (B) 長短期記憶網路（LSTM）
 (C) 前饋神經網路（FF）
 (D) 生成對抗網路（GAN）

答案：D

3-13. 下列哪一項是生成對抗網路（GAN）的基本構成？
(A) 生成器與判別器
(B) 編碼器與解碼器
(C) 變分自編碼器（VAE）
(D) 自迴歸模型

答案：B

3-14. 下列哪一項方法可以用來穩定生成對抗網路（GAN）的訓練？
(A) 使用較少的訓練數據
(B) 減少判別器的層數
(C) 使用批量正則化和調整學習率
(D) 將生成器和判別器分開訓練

答案：C

3-15. 在處理影像生成任務時，下列哪一個模型結構通常更適合捕捉影像中的局部特徵？
(A) Transformer
(B) 卷積神經網路（CNN）
(C) 圖形卷積網路（GCN）
(D) 遞迴神經網路（RNN）

答案：B

3-16. 請問自迴歸模型（AR）在生成數據時，是依照下列哪一項來生成？
(A) 隨機變量
(B) 外部輸入
(C) 前面的數據
(D) 固定參數

答案：C

3-17. 請問自迴歸模型（AR）在生成式 AI 中的作用是下列哪一項？
　　　(A) 用於生成序列數據
　　　(B) 用於圖像分類
　　　(C) 用於數據壓縮
　　　(D) 用於數據聚類
答案：A

3-18. 下列哪一項不是生成對抗網路（GAN）的變體？
　　　(A) DCGAN
　　　(B) CycleGAN
　　　(C) StyleGAN
　　　(D) DecisionGAN
答案：D

3-19. 請問 BERT 屬於 Transformer 的下列哪一項部分？
　　　(A) Encoder － 提取輸入文字特徵，並將其表示成向量形式輸出
　　　(B) Decoder － 依輸入內容語意，生成適當的回應內容
　　　(C) Self-attention － 一種輸入內容資訊提取機制，擅長完整提取上下文資訊
　　　(D) Convolution － 一種圖片特徵提取機制，透過層層此種運算，可完整提取圖片由小至大的特徵
答案：A

3-20. 下列哪一種生成式 AI 模型使用編碼器-解碼器架構來學習數據集的潛在機率分佈？
　　　(A) 生成對抗網路（GAN）
　　　(B) 大型語言模型（Large language models）
　　　(C) 變分自編碼器（VAE）
　　　(D) Diffusion models
答案：C

3-21. 下列哪一個是變分自編碼器（VAE）的核心特徵？
- (A) 使用對抗性損失來訓練
- (B) 將輸入數據映射到隱變量空間
- (C) 直接生成圖像標籤
- (D) 使用決策樹（Decision Tree）進行分類

答案：B

3-22. 下列哪一層在生成式 AI 架構中負責收集、準備和處理信息，並進行特徵提取？
- (A) Data processing layer
- (B) Generative model layer
- (C) Feedback and improvement layer
- (D) Deployment and integration layer

答案：A

3-23. 下列哪一種算法常用於生成圖片？
- (A) K-means 聚類
- (B) 線性回歸
- (C) 深度森林
- (D) 自動編碼器

答案：D

3-24. 在多模態技術中，下列哪一項不是實現跨模態內容理解與生成的關鍵要素？
- (A) 融合來自不同模態的特徵表示
- (B) 利用深度學習模型處理單一模態數據
- (C) 通過注意力機制增強模型對關鍵資訊的聚焦
- (D) 建立不同模態之間的語意關聯

答案：B

3-25. 請問在 Diffusion Model 的訓練過程中,模型主要學習的是下列哪一項?
(A) 如何優化損失函數以減少噪聲
(B) 添加噪聲的過程以及去噪的反向過程
(C) 分類不同類型的數據
(D) 減少生成過程中的偏差

答案:B

3-26. F1-Score 是一種評估分類模型性能的衡量指標,請問下列哪一項對於 F1-Score 的描述是正確的?
(A) 它是真實率與召回率的算術平均值
(B) 它是真實率與召回率的幾何平均值
(C) 它是精確率與召回率的加權平均值
(D) 它是精確率與召回率的調和平均值

答案:D

3-27. 下列哪一項描述梯度消失(Vanishing Gradient)問題對生成模型的影響?
(A) 使生成器難以學習有用的特徵
(B) 減少模型的計算時間
(C) 增加生成模型的精度
(D) 增強判別器的能力

答案:A

3-28. 下列哪一項技術是用於提高生成式 AI 模型的訓練效率?
(A) 使用更深的神經網路結構
(B) 使用小批量隨機梯度下降(Mini-batch SGD)
(C) 減少訓練數據的多樣性
(D) 停止模型的權重更新

答案:B

3-29. 下列哪一項不是用於訓練生成式 AI 的常見技術？
 (A) 自迴歸模型（Autoregressive Models）
 (B) 變分自編碼器（VAE）
 (C) 卷積神經網路（CNN）
 (D) 生成對抗網路（GAN）

**答案：C**

3-30. 下列哪一項不是提升生成對抗網路（GAN）訓練穩定性的常見技術？
 (A) 使用小批量歧視（Mini-batch Discrimination）
 (B) 應用 WGAN 的 Earth Mover 距離
 (C) 採用梯度懲罰（Gradient Penalty）
 (D) 使用大批量樣本訓練（Large-batch Training）

**答案：D**

3-31. 下列哪一項不是訓練生成對抗網路（GAN）時會遇到的問題？
 (A) 數據數量不足或品質不一
 (B) 生成器和鑑別器之間的訓練不平衡，一方過強或過弱
 (C) 鑑別器對生成器的回饋信號過於微弱，導致梯度消失
 (D) 新的輸入讓模型對舊資料產生偏差，導致災難性遺忘

**答案：D**

3-32. 當生成式 AI 模型的複雜度過高時，下列哪一種情況最有可能發生？
 (A) 模型過擬合（Overfitting）訓練資料
 (B) 模型無法擬合訓練資料
 (C) 模型將更容易泛化至未見過的資料
 (D) 模型計算效率顯著提高

**答案：A**

3-33. 在語言模型的訓練中，通常使用下列哪一種技術來防止過擬合（Overfitting）？
- (A) 過濾
- (B) 正則化
- (C) 特徵擴展
- (D) 資料增強

答案：B

3-34. 下列哪一項關於生成式 AI 中模式崩潰（Mode Collapse）的敘述是正確的？
- (A) 模式崩潰是指生成器產生出各種多樣化且符合真實分佈的樣本
- (B) 模式崩潰是由於生成器生成了非常真實的樣本，導致鑑別器無法區分真實與生成的數據
- (C) 模式崩潰會導致生成器集中生成一小部分特定類型的樣本，而忽略了其他潛在樣本的類型
- (D) 模式崩潰通常表示生成器和鑑別器達到了訓練的平衡狀態，這是生成對抗網路（GAN）模型穩定訓練的結果

答案：C

3-35. 請問變分自編碼器（VAE）的損失函數通常包含下列哪一項？
- (A) 梯度損失和重構損失
- (B) 交叉熵損失和正則化項
- (C) 重構損失和 KL 散度
- (D) 均方誤差（MSE）和對比損失

答案：C

3-36. 在多模態生成模型中，下列哪一項不是實現多模態數據融合的主要策略？
- (A) 將不同模態的特徵映射到共同的嵌入空間
- (B) 單獨訓練每個模態的模型，然後將結果融合
- (C) 使用多模態編碼器對多種模態數據進行聯合處理
- (D) 利用多模態數據進行端到端訓練

答案：B

3-37. 關於生成式 AI 的應用敘述，下列哪一項是錯誤的？
- (A) 生成式 AI 可以應用於程式碼產生、工程、行銷、客戶服務、金融和銷售等多個業務範圍
- (B) 生成式 AI 可以用於改善客戶體驗，例如通過聊天機器人、虛擬助理和智慧聯絡中心等功能
- (C) 生成式 AI 僅能在程式碼產生方面取得成效，其他應用場景如內容建立和文字摘要無法實現
- (D) 生成式 AI 可以加速藝術和音樂中的創意內容製作，如文字、動畫、影片和影像等

答案：C

3-38. 在法律行業中，生成式 AI 可以應用於多個方面，但下列哪一項不是生成式 AI 目前能夠實現的？
- (A) 自動生成法律檔草稿，如合同和訴狀
- (B) 預測案件結果，基於歷史案件數據
- (C) 生成法律意見書，提供定制化法律諮詢
- (D) 完全替代人類律師進行法庭辯論和交叉審問

答案：D

3-39. 生成式 AI 在影視後製中，主要用於下列哪一項技術？
(A) 自動生成特效
(B) 提高影片壓縮效率
(C) 深度偽造技術
(D) 智能剪輯場景

答案：C

3-40. 下列哪一個領域常使用生成式 AI？
(A) 航空工程
(B) 水利工程
(C) 電機工程
(D) 合成圖像

答案：D

3-41. 生成式 AI 雖然在多個領域取得了顯著進展，但仍存在一些限制和挑戰，下列哪一項不是現在生成式 AI 能夠實現的？
(A) 大量文本的語法糾錯
(B) 流行語言的準確翻譯
(C) 複雜情節的文本創作
(D) 簡單文本的歸納總結

答案：B

3-42. 下列哪一項是生成式 AI 在圖像生成中的典型應用？
(A) 圖片壓縮
(B) 圖像風格轉換
(C) 圖片分類
(D) 邊緣檢測

答案：B

3-43. 下列哪一項是生成式 AI 在道德和法律上的一大挑戰？
(A) 圖像壓縮
(B) 影片切割
(C) 硬體容量
(D) 侵犯隱私

答案：D

3-44. 在使用生成式 AI 時，下列哪一種行為可能涉及侵犯智慧財產權？
(A) 用 AI 生成新的藝術作品並宣稱是自己的創作
(B) 用 AI 生成隨機數據集進行訓練
(C) 使用 AI 來生成數學公式
(D) 用 AI 生成個人筆記作為學習輔助工具

答案：A

3-45. 下列哪一項並非使用生成式 AI 的正確方法？
(A) 生成式 AI 的答案不一定正確，需多方參考
(B) 保持謹慎的心態再次檢查
(C) 完全信任生成式 AI 的答案
(D) 生成式 AI 只是輔助工具，仍須人工的再次確認

答案：C

3-46. 下列哪一項關於 AI 的隱私權挑戰的敘述是錯誤的？
(A) AI 系統缺乏控制和透明度，讓用戶不清楚其資料是否已被蒐集
(B) 重複使用資料可能導致 AI 的分析超出用戶同意的資料使用範圍
(C) AI 無法針對不同數據集進行組合或重新演算，因此不可能推測出特定人的身分
(D) 資料的推斷及重新識別可能嚴重侵犯個人隱私

答案：C

3-47. 下列哪一項最適合用來防範生成式 AI 生成的深偽（Deepfake）技術？

    (A) 增強數據隱私保護

    (B) 開發更強的反深偽技術

    (C) 禁止所有生成式 AI 的研究

    (D) 創建更多生成式 AI 應用

答案：B

3-48. 在使用生成式 AI 進行內容創作時，下列哪一項措施對於維護輸出內容的品質和合規性最為關鍵？

    (A) 依賴預訓練模型的默認設置，不進行任何調整

    (B) 在訓練數據中包含多樣化的樣本，以減少偏差

    (C) 忽略用戶回饋，只依據模型的自我學習

    (D) 定期對生成內容進行法律和倫理審查

答案：D

3-49. 下列哪一項不屬於生成式 AI？

    (A) ChatGPT

    (B) Google Gemini

    (C) DALL-E

    (D) PowerPoint

答案：D

3-50. 使用者可以透過下列哪一項控制 ChatGPT、Midjourney 生成適當的內容？

    (A) Prompt

    (B) Temperature

    (C) Message

    (D) Content

答案：A

3-51. 在 GPT 系列模型中，對於生成長文本來說，下列哪一項技術最不可能帶來顯著改善？
    (A) 增加模型的參數數量
    (B) 增加訓練語料的多樣性
    (C) 提高輸入文本的上下文窗口大小
    (D) 降低模型的層數

答案：D

3-52. 請問 OpenAI CLIP 的功能可以做到下列哪一項？
    (A) 依文字生成圖片
    (B) 為輸入圖片分類
    (C) 讀取聲音的資料
    (D) 將圖像轉成影片

答案：B

3-53. 關於常見的生成式 AI 技術與生成種類對應，下列哪一項錯誤？
    (A) StyleGAN - 提供多種生成工具，用於創建影片、動畫、影像效果等
    (B) LLaMA - 可用於生成自然語言文本，包括文章撰寫、對話系統、翻譯、問答系統等
    (C) DALL-E - 將文本描述轉換為圖像，可生成各種類型的圖像
    (D) MuseNet - 用於生成多種風格和樂器的音樂作品

答案：A

3-54. 在使用生成對抗網路（GAN）進行圖像生成時，下列哪一個工具或框架最適合用來快速搭建和訓練生成對抗網路（GAN）模型，並且提供了豐富的高階 API 支援？
    (A) PyTorch
    (B) TensorFlow
    (C) Keras
    (D) Scikit-learn

答案：C

## 3-5 第四類：AI 演算法及專家系統

4-01. 機器學習的主要目標是下列哪一項？
    (A) 建立規則
    (B) 儲存資料
    (C) 讓系統從資料中學習
    (D) 進行手動優化

答案：C

4-02. 在 AI 中，「深度學習」符合下列哪一項定義？
    (A) 一種基於多層神經網路的學習方法
    (B) 一種用於資料壓縮的技術
    (C) 一種儲存資料的工具
    (D) 一種用於提升硬體運行效率的技術

答案：A

4-03. 決策樹（Decision Tree）的葉節點代表下列哪一項？
    (A) 條件
    (B) 決策
    (C) 根節點
    (D) 中間節點

答案：B

4-04. 下列哪一項是無監督學習（Unsupervised Learning）的範例？
    (A) 邏輯迴歸
    (B) K-means 聚類
    (C) 支持向量機（SVM）
    (D) 決策樹（Decision Tree）

答案：B

4-05. 下列哪一個演算法最適合用於分類任務？
  (A) K-means 聚類
  (B) 邏輯迴歸
  (C) 層次聚類
  (D) 主成分分析（PCA）

答案：B

4-06. 下列哪一項不是強化學習（RL）的要素？
  (A) 回報
  (B) 動作
  (C) 狀態
  (D) 分群

答案：D

4-07. 下列哪一個是非線性模型？
  (A) 資料排序演算法
  (B) 決策樹（Decision Tree）
  (C) 資料壓縮演算法
  (D) 資料儲存技術

答案：B

4-08. 在機器學習中，過擬合（Overfitting）的主要原因是下列哪一項？
  (A) 模型無法讀取資料
  (B) 訓練數據格式錯誤
  (C) 過度訓練使模型無法適應未來資料
  (D) 資料存儲空間不足

答案：C

4-09. 如附圖所示，同一層狀態之拜訪順序為由左而右。在狀態空間中，從狀態 A 開始進行深度優先（Depth First）搜尋的結果應為下列哪一項？

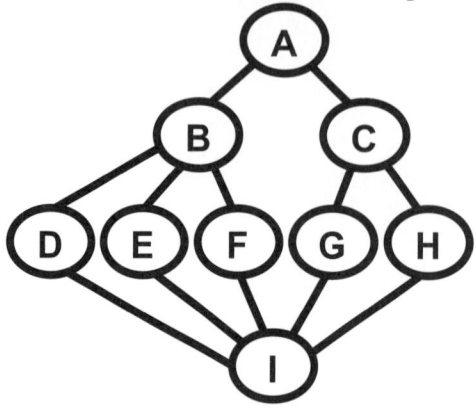

(A) ABDIEFGCH
(B) ABCDEFGHI
(C) ACBHGFEDI
(D) ABDIEFCGH

答案：A

4-10. 如附圖所示，同一層狀態之拜訪順序為由左而右。在狀態空間中，從狀態 A 開始進行廣度優先（Breadth First）搜尋的結果應為下列哪一項？

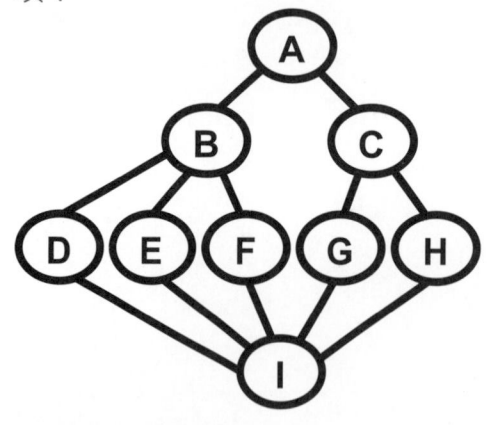

(A) ABCDEFGHI
(B) ABDIEFGCH
(C) ACBHGFEDI
(D) ACHGIBFED

答案：A

4-11. 關於狀態空間中進行最佳優先（Best-First）搜尋的描述，下列哪一項錯誤？
   (A) 是在搜尋時優先考慮目前搜尋狀態中，具有最佳分數的分枝，再持續往下搜尋
   (B) 在搜尋過程中，一但碰到所有子狀態的分數都比目前狀態差（低）時，搜尋即告終止
   (C) 在搜尋過程中，會隨時紀錄其他未檢查到的子節點資訊
   (D) 一般會搭配優先佇列（Priority Queue）來進行實作

答案：B

4-12. 卷積神經網路（CNN）最適合處理下列哪一種類型的數據？
   (A) 時間序列數據
   (B) 圖像數據
   (C) 文本數據
   (D) 二維表格數據

答案：B

4-13. 在專家系統中，推理引擎的主要作用是下列哪一項？
   (A) 儲存數據
   (B) 構建知識庫
   (C) 根據規則推理出結論
   (D) 訓練模型

答案：C

4-14. 在 AI 中，「泛化」的定義是下列哪一項？
   (A) 模型記住了訓練數據
   (B) 模型能夠處理未見過的數據
   (C) 簡化模型的複雜度
   (D) 模型能解釋訓練數據

答案：B

4-15. 支持向量機（SVM）的主要目標是下列哪一項？
　　(A) 最大化分類的錯誤率
　　(B) 最大化分類的邊界
　　(C) 最小化分類邊界
　　(D) 儲存數據

答案：B

4-16. 在卷積神經網路（CNN）中，「卷積層」的主要作用為下列哪一項？
　　(A) 壓縮數據
　　(B) 提取局部特徵
　　(C) 減少過擬合（Overfitting）
　　(D) 儲存記憶

答案：B

4-17. 下列哪一項可以說明什麼是「黑箱模型」？
　　(A) 結構簡單且容易解釋的模型
　　(B) 結構複雜且難以解釋的模型
　　(C) 不需要數據的模型
　　(D) 模擬專家系統的模型

答案：B

4-18. 強化學習（RL）中，「回報」是指下列哪一項？
　　(A) 給模型的懲罰
　　(B) 評估行為是否成功的數值
　　(C) 訓練模型的參數
　　(D) 用來跟蹤模型運行時間

答案：B

4-19. 下列哪一項是決策樹（Decision Tree）的主要缺點？
   (A) 訓練速度慢
   (B) 容易過擬合（Overfitting）
   (C) 需要大量資料
   (D) 只能處理非常簡單的問題

答案：B

4-20. 在專家系統中，下列哪一項為需要不確定性處理的原因？
   (A) 增加系統的用戶友好性
   (B) 提升系統的自動化水平
   (C) 因為專家系統通常會面對不完全的資訊
   (D) 減少系統的記憶體使用量

答案：C

4-21. 專家系統主要由下列哪一項組成？
   (A) 知識庫和推理引擎
   (B) 資料庫和數據分析
   (C) 推理引擎和數據集
   (D) 神經網路和推理引擎

答案：A

4-22. 專家系統的主要應用場景為下列哪一項？
   (A) 圖像處理
   (B) 自動駕駛
   (C) 複雜問題的診斷和解決
   (D) 自然語言生成

答案：C

4-23. 在訓練神經網路時，下列哪一項是需要進行「反向傳播」的原因？
　　　(A) 儲存輸入數據
　　　(B) 調整網路權重以減少誤差
　　　(C) 減少訓練數據的數量
　　　(D) 增強網路的計算能力
答案：B

4-24. 下列哪一項是「卷積神經網路」（CNN）常用於處理的數據類型？
　　　(A) 時間序列數據
　　　(B) 圖像數據
　　　(C) 文字數據
　　　(D) 結構化數據
答案：B

4-25. 下列哪一項是正則化技術的主要目的？
　　　(A) 增加模型的複雜度
　　　(B) 防止過擬合（Overfitting）
　　　(C) 減少數據量
　　　(D) 提高訓練速度
答案：B

4-26. 下列哪一項是隨機森林（Random Forest）的主要優勢之一？
　　　(A) 可以避免過擬合（Overfitting）
　　　(B) 訓練速度快
　　　(C) 適合小數據集
　　　(D) 計算需求少
答案：A

4-27. 關於專家系統的敘述，下列哪一項正確？
(A) 是需要專家才懂得如何操作的資訊系統
(B) 是需要資訊科技的專家，才懂得如何建置的資訊系統
(C) 是需要專家的知識，才能建置和運作的資訊系統
(D) 是需要專家才能理解其解釋內容的資訊系統

答案：C

4-28. 關於專家系統的敘述，下列哪一項錯誤？
(A) 內部專家知識是不可修改的
(B) 侷限於解決特定領域的問題
(C) 一般可透過自然語言等多種人機介面來操作互動
(D) 屬於人工智慧的應用領域

答案：A

4-29. 特定科別醫生看病時，可能會使用下列哪一種人工智慧系統，來協助看病診斷及開立處方箋？
(A) 常識推理模型
(B) 電腦防毒系統
(C) 專家系統
(D) 聊天機器人

答案：C

4-30. 下列哪一項不算是專家系統的應用？
(A) 分析地質資料的多種礦產開發系統（Dipmeter）
(B) 決定複雜有機化合物的分子結構系統（DENDRAL）
(C) 能解答顧客各種疑問的智慧型語音客服系統
(D) 市面上能以語音來引導顧客操作的自動提款機（ATM）

答案：D

4-31. 下列哪一項不是專家系統必要的組成部分？
  (A) 解釋子系統
  (B) 使用者交談介面
  (C) 專家規則知識庫
  (D) 文件編輯軟體

答案：D

4-32. 下列哪一項技術不屬於自然語言處理（NLP）？
  (A) 情感分析
  (B) 圖像分類
  (C) 語音識別
  (D) 句法分析

答案：B

4-33. 在考量是否適合發展專家系統來解決問題時，下列哪一項描述錯誤？
  (A) 問題需要採用符號邏輯的方式來進行推論
  (B) 解決常識性的觀念或問題
  (C) 問題本身不宜太過複雜，包含範圍也不能過大
  (D) 適合處理一般計算式演算法無法順利解決的問題

答案：B

4-34. 關於專家系統知識庫的描述，下列哪一項錯誤？
  (A) 包含專家知識（大都以一般規則形式表達）
  (B) 包含已知符合現況的特定事實
  (C) 透過特定的知識庫編輯介面來進行新增修改
  (D) 為配合專家系統發展於初始化時已設定完整的部份，無需也較不適合再任意進行變動

答案：D

4-35. 下列哪一項演算法不是基於樹的結構？

(A) 隨機森林（Random Forest）
(B) 決策樹（Decision Tree）
(C) 梯度提升樹
(D) K-means

答案：D

4-36. 下列哪一種算法專門用來處理回歸問題？

(A) 支持向量機（SVM）
(B) 主成分分析（PCA）
(C) 線性回歸
(D) K-means

答案：C

4-37. 下列哪一項描述用來說明「過擬合」（Overfitting）？

(A) 模型能夠完美處理所有新數據
(B) 模型在訓練數據上表現非常好，但在測試或未見過的新數據上表現不佳
(C) 模型無法識別任何資料特徵
(D) 模型只能處理結構化數據

答案：B

4-38. 下列哪一項是神經網路的學習方法？

(A) 梯度下降
(B) 合成主義
(C) 量子計算
(D) 隨機存取

答案：A

4-39. 下列哪一項描述用來說明「深度學習」？
(A) 一種表達形式
(B) 一種與大數據無關的技術
(C) 一種基於神經網路的學習方法
(D) 一種數據收集技術

**答案：C**

4-40. 專家系統與傳統程序的主要區別是下列哪一項？
(A) 專家系統能自我學習
(B) 專家系統依賴於人類專家知識
(C) 專家系統不需要數據
(D) 專家系統速度更快

**答案：B**

4-41. 下列哪一項是神經網路的基本單位？
(A) 節點
(B) 神經元
(C) 權重
(D) 激活函數（Activation Function）

**答案：B**

4-42. 下列哪一種方法是用來降低模型過擬合（Overfitting）風險的？
(A) 增加模型複雜度
(B) 交叉驗證
(C) 減少數據量
(D) 使用單一數據集

**答案：B**

4-43. 下列哪一項是深度學習的特徵？
- (A) 需要大量標記數據
- (B) 只能用於圖像處理
- (C) 不適用於序列數據
- (D) 較低的計算要求

**答案：A**

4-44. 下列哪一種方法不適用於數據預處理？
- (A) 標準化
- (B) 數據清洗
- (C) 交叉驗證
- (D) 缺失值填補

**答案：C**

4-45. 在決策樹（Decision Tree）中，通常會基於下列哪一項標準進行分裂？
- (A) 隨機特徵
- (B) 熵或 Gini 指數
- (C) 數據大小
- (D) 用戶需求

**答案：B**

4-46. 下列哪一項是決策樹（Decision Tree）的優點之一？
- (A) 需要大量數據
- (B) 容易解釋和視覺化
- (C) 只能處理分類問題
- (D) 計算速度慢

**答案：B**

4-47. 在機器學習中，下列哪一項描述用來說明「特徵選擇」？
  (A) 選擇最好的算法
  (B) 選擇最重要的輸入變數
  (C) 減少訓練數據的大小
  (D) 增加模型的複雜度

答案：B

4-48. 在隨機森林（Random Forest）中，下列哪一項描述用來說明「集成學習」（Ensemble Learning）？
  (A) 使用多個模型進行預測
  (B) 單一模型的重複訓練
  (C) 數據的隨機選擇
  (D) 特徵的選擇

答案：A

4-49. 在數據挖掘中，下列哪一項描述用來說明「關聯規則」？
  (A) 數據的分類標準
  (B) 變數之間的關係
  (C) 數據的聚類結果
  (D) 模型的評估指標

答案：B

4-50. 專家系統的知識庫通常不包含下列哪一種類型的知識？
  (A) 結構化知識
  (B) 程式知識
  (C) 非結構化知識
  (D) 隱性知識

答案：D

4-51. 機器學習中的「訓練集」，主要用於下列哪一項目的？
  (A) 測試模型泛化能力
  (B) 模型訓練
  (C) 數據預處理
  (D) 特徵選擇

答案：B

4-52. 下列哪一個算法不屬於集成學習（Ensemble Learning）？
  (A) AdaBoost
  (B) 隨機森林（Random Forest）
  (C) 支持向量機（SVM）
  (D) Gradient Boosting

答案：C

4-53. 在深度學習的模型中，下列哪一項函數最常用在中間層中激活神經元？
  (A) ReLU
  (B) Sigmoid
  (C) Softmax
  (D) Pooling

答案：A

4-54. 下列哪一項算法適合用於異常檢測？
  (A) 決策樹（Decision Tree）
  (B) K-means
  (C) DBSCAN
  (D) 邏輯回歸

答案：C

4-55. 關於模糊系統（Fuzzy System）與一般規則系統（Rule Based System）的比較，下列哪一項錯誤？
- (A) 模糊系統是所有規則都會被觸發，而一般規則系統只有單一條規則會被觸發
- (B) 模糊系統的規則輸出需經過整合（Aggregation），一般規則系統則不需要
- (C) 部份模糊系統的規則輸出需要額外解模糊化（Defuzzification），一般規則系統則不需要解模糊化
- (D) 模糊和一般規則系統的輸出訊號，分別是模糊和明確（Crisp）的數值，極易區分

答案：D

4-56. 在神經網路中，下列哪一項是「激活函數」（Activation Function）的主要作用？
- (A) 增加非線性
- (B) 減少計算量
- (C) 提高模型準確度
- (D) 選擇特徵

答案：A

4-57. 下列哪一個算法常用於語言模型？
- (A) 卷積神經網路（CNN）
- (B) 遞迴神經網路（RNN）
- (C) 決策樹（Decision Tree）
- (D) 支持向量機（SVM）

答案：B

4-58. 在 AI 中，下列哪一項描述用來說明「批處理」？
　　　(A) 一次性處理所有數據
　　　(B) 將數據分批處理
　　　(C) 僅使用未標註數據
　　　(D) 模型融合
答案：B

4-59. 下列哪一項算法不適合用於多類分類問題？
　　　(A) 邏輯回歸
　　　(B) 支持向量機（SVM）
　　　(C) K-means
　　　(D) 決策樹（Decision Tree）
答案：C

4-60. 在監督學習（Supervised Learning）中，「支持向量機」（SVM）的主要目的是下列哪一項？
　　　(A) 為每個類別找到最適合的標籤
　　　(B) 最大化不同類別之間的邊界
　　　(C) 進行大規模數據的聚類分析
　　　(D) 減少計算模型的運算資源需求
答案：B

4-61. 在神經網路中，「池化層」的主要作用是下列哪一項？
　　　(A) 加速學習算法的訓練速度
　　　(B) 降低數據的空間尺寸
　　　(C) 增加模型的記憶容量
　　　(D) 改善神經網路的視覺識別能力
答案：B

4-62. 下列哪一項算法適合用於時間序列預測？
  (A) 卷積神經網路（CNN）
  (B) 遞迴神經網路（RNN）
  (C) 決策樹（Decision Tree）
  (D) 支持向量機（SVM）

答案：B

4-63. 在 AI 中，「早停」是下列哪一種類型的技術？
  (A) 增加模型的非線性
  (B) 模型訓練的正則化技術
  (C) 特徵選擇方法
  (D) 數據預處理方法

答案：B

4-64. 下列哪一項算法不屬於聚類算法？
  (A) K-means
  (B) DBSCAN
  (C) 邏輯回歸
  (D) 層次聚類

答案：C

4-65. 在人工智能領域，「隨機森林」（Random Forest）最常被用作下列哪一種類型的算法？
  (A) 聚類算法
  (B) 分類算法
  (C) 降維算法
  (D) 強化學習（RL）算法

答案：B

4-66. 在神經網路中,「反向傳播」算法用於下列哪一項?
(A) 數據預處理
(B) 模型訓練
(C) 加速模型訓練
(D) 模型評估

答案:B

4-67. 下列哪一項算法適合用於圖像識別?
(A) 卷積神經網路(CNN)
(B) 遞迴神經網路(RNN)
(C) 決策樹(Decision Tree)
(D) 支持向量機(SVM)

答案:A

## 3-6　第五類：AI 機器學習原理

5-01. 梯度下降的主要目的是下列哪一項？
　　　(A) 減少模型的訓練時間
　　　(B) 優化模型的損失函數，使其達到最小值
　　　(C) 增加模型的複雜度
　　　(D) 增加模型的預測精度

　答案：B

5-02. 機器學習的主要類型為下列哪一項？
　　　(A) 監督學習（Supervised Learning）、無監督學習（Unsupervised Learning）、強化學習（RL）
　　　(B) 監督學習（Supervised Learning）和無監督學習（Unsupervised Learning）
　　　(C) 無監督學習（Unsupervised Learning）和半監督學習
　　　(D) 只有監督學習（Supervised Learning）

　答案：A

5-03. 如附圖所示，三個模型是對於訓練資料的擬合程度，下列哪一項敘述正確？

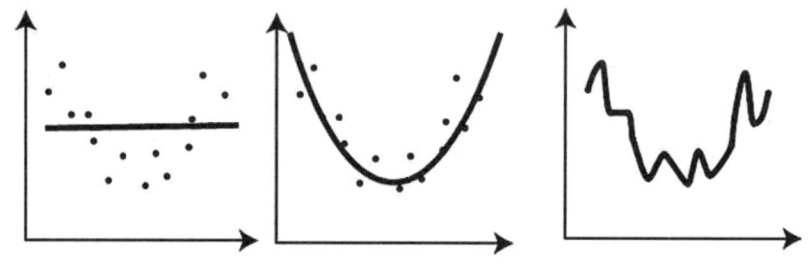

　　　(A) 最左邊圖片的模型有較高的變異（Variance）
　　　(B) 中間圖片的模型複雜度不足
　　　(C) 最右邊圖片的模型可能是過擬合（Overfitting）
　　　(D) 三個模型的訓練結果都不好

　答案：C

5-04. 關於機器學習模型的敘述，下列哪一項正確？
- (A) 一個模型如果在訓練集有較高的準確率（Accuracy），說明這個模型一定比較好
- (B) 如果增加模型的複雜度，則測試集的錯誤率會降低
- (C) 如果增加模型的複雜度，則訓練集的錯誤率會降低
- (D) 訓練集的錯誤率越低，測試集的錯誤也會跟著越低

答案：C

5-05. 關於訓練集與測試集的比例，下列哪一項較為正確？
- (A) 訓練集：測試集 ＝ 6：4
- (B) 訓練集：測試集 ＝ 5：5
- (C) 訓練集：測試集 ＝ 2：8
- (D) 比例不須固定，須根據資料集判斷

答案：D

5-06. 當模型發生過擬合（Overfitting）的情形時，下列哪一種方法無法緩解？
- (A) 減少模型複雜度
- (B) 蒐集更多資料
- (C) 增加模型訓練的時間
- (D) 使用正則化

答案：C

5-07. 在監督學習（Supervised Learning）中，模型的輸入通常是下列哪一項？
- (A) 未標記資料
- (B) 標記資料
- (C) 影像
- (D) 文字

答案：B

5-08. 下列哪一項是機器學習的合理定義？
(A) 機器學習從標記的數據中學習
(B) 機器學習能使計算機從數據中學習並做出決策
(C) 機器學習是電腦程式的科學
(D) 機器學習是允許機器人智能行動的領域

答案：B

5-09. 替線性迴歸模型增加一個不重要的特徵（Feature）後，R-square 通常會發生下列哪一種變化？
(A) 增加
(B) 減少
(C) 不變
(D) 不一定

答案：A

5-10. 下列哪一項是用於無監督學習（Unsupervised Learning）的演算法？
(A) 線性迴歸
(B) K-means 聚類
(C) 邏輯迴歸
(D) 決策樹（Decision Tree）學習

答案：B

5-11. 下列哪一項是典型的監督學習（Supervised Learning）例子？
(A) 圖像分類
(B) 市場區隔分析
(C) 資料壓縮
(D) 對話生成

答案：A

5-12. K-最近鄰（KNN）是下列哪一項演算法？
    (A) 分類演算法
    (B) 聚類演算法
    (C) 迴歸演算法
    (D) 線性演算法

答案：A

5-13. 下列哪一種方法常用來處理類別不平衡問題？
    (A) 特徵選擇
    (B) 權重調整
    (C) 隨機森林（Random Forest）
    (D) 主成分分析（PCA）

答案：B

5-14. 關於決策樹（Decision Tree）模型的敘述，下列哪一項錯誤？
    (A) 統計的特徵愈多，樹的分支也就愈多
    (B) 若不限制樹的深度，則最終每個節點上的樣本都屬於同個類別
    (C) 是一具有可視化，可解釋力高的模型
    (D) 決策樹（Decision Tree）相當穩健，不容易發生過擬合（Overfitting）的情形

答案：D

5-15. 當模型無法充分學習資料中的模式時，我們稱之為下列哪一項？
    (A) 過擬合（Overfitting）
    (B) 欠擬合（Underfitting）
    (C) 無擬合
    (D) 模型優化

答案：B

5-16. 關於「機器學習」這個詞的意義，請問下列哪一種描述較為正確？
(A) 透過大量機器資源，從過去演算法中自動學習更好的規則
(B) 設定好目標函數，透過特定演算法從資料中學習出隱含的規則
(C) 以繪圖、排序、整理等方式，從大量資料中找出有價值的資訊
(D) 利用程式碼告訴機器規則，讓機器自己學習分析

**答案：B**

5-17. 關於隨機森林（Random Forest）的描述，下列哪一項錯誤？
(A) 是一種集成學習（Ensemble Learning）的方法
(B) 每次訓練出來的森林可能有不同的結果
(C) 每棵樹使用相同的訓練資料與特徵生成
(D) 透過每棵樹投票的方式決定最後的預測結果

**答案：C**

5-18. 下列哪一個不是常見的機器學習演算法？
(A) 支持向量機（SVM）
(B) 決策樹（Decision Tree）
(C) 螺旋迴歸
(D) K-means 聚類

**答案：C**

5-19. 關於主成分分析（PCA）的描述，下列哪一項錯誤？
(A) 使用主成分分析（PCA）前必須對資料做正規化
(B) 主成分分析（PCA）可以將資料降維至任意維度（至少一維）
(C) 資料降至低維度後的視覺化通常不具參考價值
(D) 降維後的特徵通常難以被解釋

**答案：C**

5-20. 特徵縮放（Feature Scaling）是下列哪一項？
　　　(A) 將特徵向量轉化為二元形式
　　　(B) 將數據歸一化或標準化，使其位於相似範圍內
　　　(C) 減少數據集中的特徵數量
　　　(D) 增加數據集中的特徵數量
　答案：B

5-21. 在監督學習（Supervised Learning）中，下列哪一項不是常見的損失函數？
　　　(A) 平均絕對誤差（MAE）
　　　(B) 均方誤差（MSE）
　　　(C) 交叉熵
　　　(D) ReLU 函數
　答案：D

5-22. 對於監督學習（Supervised Learning）與無監督學習（Unsupervised Learning）的描述，下列哪一項正確？
　　　(A) 目前市場上以無監督學習（Unsupervised Learning）的應用較為廣泛
　　　(B) 監督學習（Supervised Learning）需要已完整標記的資料
　　　(C) 無監督學習（Unsupervised Learning）不需要使用目標函數來優化
　　　(D) 無監督學習（Unsupervised Learning）不需要任何資料即可訓練
　答案：B

5-23. 下列哪一種學習是根據標記過的數據進行的？
　　　(A) 無監督學習（Unsupervised Learning）
　　　(B) 監督學習（Supervised Learning）
　　　(C) 強化學習（RL）
　　　(D) 深度學習
　答案：B

5-24. 深度學習模型中,下列哪一項用來提取輸入資料的特徵?
(A) 輸入層
(B) 隱藏層
(C) 輸出層
(D) 決策層

答案:B

5-25. 下列哪一種學習方法通常用於處理分類問題?
(A) K-最近鄰(KNN)
(B) K-means 聚類
(C) 主成分分析(PCA)
(D) 線性迴歸

答案:A

5-26. 下列哪一個算法是監督學習(Supervised Learning)算法?
(A) K-means 聚類
(B) 隨機森林(Random Forest)
(C) 主成分分析(PCA)
(D) DBSCAN

答案:B

5-27. 下列哪一個是無監督學習(Unsupervised Learning)的例子?
(A) 線性迴歸
(B) K-means 聚類
(C) 決策樹(Decision Tree)
(D) 支持向量機(SVM)

答案:B

5-28. 下列哪一項是「過擬合」（Overfitting）的定義？

(A) 模型在訓練集上表現良好，但在測試集上表現較差

(B) 模型在所有數據集上表現都非常好

(C) 模型無法訓練

(D) 模型在所有數據集上表現都非常差

**答案：A**

5-29. 下列哪一個不是深度學習的應用？

(A) 圖像識別

(B) 語音識別

(C) 自然語言處理（NLP）

(D) 文本編輯

**答案：D**

5-30. 在神經網絡中，下列哪一項是權重的定義？

(A) 定義節點之間的連接強度的參數

(B) 定義節點數量的參數

(C) 控制訓練速度的參數

(D) 減少計算負擔的參數

**答案：A**

5-31. 下列哪一項是二元分類算法？

(A) K-means 聚類

(B) 線性迴歸

(C) 決策樹（Decision Tree）

(D) 邏輯迴歸

**答案：D**

5-32. 下列哪一種方法可處理過擬合（Overfitting）問題？
　　　(A) 使用更多的數據
　　　(B) 減少數據量
　　　(C) 增加模型複雜度
　　　(D) 增加權重
答案：A

5-33. 深度學習主要使用下列哪一種類型的網絡？
　　　(A) 支持向量機（SVM）
　　　(B) 神經網絡
　　　(C) 決策樹（Decision Tree）
　　　(D) K-最近鄰（KNN）
答案：B

5-34. 下列哪一個是強化學習（RL）的特點？
　　　(A) 基於獎勵和懲罰進行學習
　　　(B) 使用標記數據進行訓練
　　　(C) 無需數據進行訓練
　　　(D) 在靜態數據上工作
答案：A

5-35. 如附表所示，一個二元分類的問題（YES 為 Positive），建立模型完成預測後我們得到了一混淆矩陣，請問下列哪一項敘述錯誤？

| 樣本總數 100 | 模型預測:YES | 模型預測:NO |
|---|---|---|
| 真實答案:YES | 35 | 5 |
| 真實答案:NO | 15 | 45 |

　　　(A) 模型準確率（Accuracy）為 0.8
　　　(B) 模型的真陽性率（True Positive Rate）為 0.875
　　　(C) 模型的偽陰性率（False Negative Rate）為 0.1
　　　(D) 模型的精準率（Precision）為 0.7
答案：C

5-36. 下列哪一項是資料正規化的目的？
- (A) 減少資料的噪音
- (B) 縮小資料的範圍，使模型更容易收斂
- (C) 增加模型的複雜性
- (D) 降低資料的誤差

答案：B

5-37. 下列哪一項是交叉驗證的主要作用？
- (A) 測試模型的性能
- (B) 訓練模型
- (C) 提高訓練資料的數量
- (D) 加速資料產出的速度

答案：A

5-38. 在機器學習問題中，下列哪一項優化目標函數對應錯誤？
- (A) 二元分類問題 - 二元交叉熵（Binary Cross-Entropy）
- (B) 二元分類問題 - 類別交叉熵（Categorical Cross-Entropy）
- (C) 二元分類問題 - 準確率（Accuracy）
- (D) 迴歸問題 - 均方誤差（MSE）

答案：C

5-39. 下列哪一個是用於自然語言處理（NLP）的技術？
- (A) 長短期記憶網路（LSTM）
- (B) 卷積神經網路（CNN）
- (C) 主成分分析（PCA）
- (D) K-means 聚類

答案：A

5-40. 在兩個變量之間的關係中，下列哪一項是線性關係？
　　　(A) 兒子的身高和父親的身高
　　　(B) 人的工作環境與他的健康程度
　　　(C) 學生性別與他的數學成績
　　　(D) 正方形的邊長和周長

答案：D

5-41. 在一個神經網路架構中，兩個全連接層若第一層有 10 個神經元，第二層有 15 個神經元，此兩層間的參數量為下列哪一項？
　　　(A) 150
　　　(B) 165
　　　(C) 1500
　　　(D) 2250

答案：B

5-42. 下列哪一項並非類神經網路常見的解決過度擬合（Overfitting）方法？
　　　(A) 使用 Dropout
　　　(B) 使用 Regulizers
　　　(C) 增加訓練資料
　　　(D) 增加訓練時間

答案：D

5-43. 在機器學習中，下列哪一項是 L1 和 L2 正則化的主要目的？
　　　(A) 增加模型的複雜性
　　　(B) 防止模型過擬合（Overfitting）
　　　(C) 減少資料量
　　　(D) 提高模型在訓練資料上的表現

答案：B

5-44. 主成分分析（PCA）的主要用途是下列哪一項？
　　　(A) 減少數據維度
　　　(B) 增加數據維度
　　　(C) 增強模型的複雜度
　　　(D) 訓練深度神經網絡

答案：A

5-45. 下列哪一個損失函數常用於迴歸問題？
　　　(A) 均方誤差（MSE）
　　　(B) 交叉熵
　　　(C) 精度
　　　(D) 計數誤差

答案：A

5-46. 在遞迴類神經網路（RNN）模型中，克服梯度彌散（Vanishing Gradient）最主要的手段為下列哪一項？
　　　(A) 使用 ReLU 作為整個神經網路的啟動函數
　　　(B) 加入長短期記憶單元（LSTM Cell）
　　　(C) 加入 Dropout layer
　　　(D) 加入 1 x 1 卷積層

答案：B

5-47. 卷積神經網路（CNN）最常用於下列哪一項領域？
　　　(A) 圖像處理
　　　(B) 時間序列預測
　　　(C) 文本分類
　　　(D) 強化學習（RL）

答案：A

5-48. 下列哪一個是主成分分析（PCA）算法的主要應用？
- (A) 聚類
- (B) 分類
- (C) 距離計算
- (D) 維度壓縮

答案：D

5-49. 在梯度下降中，學習率的作用是下列哪一項？
- (A) 控制模型的複雜度
- (B) 控制每一步更新參數的步長
- (C) 決定模型使用的特徵數量
- (D) 測量模型的準確率（Accuracy）

答案：B

5-50. 下列哪一個是監督學習（Supervised Learning）的例子？
- (A) 無標籤的數據聚類
- (B) 使用已標記的數據來訓練分類器
- (C) 隨機生成數據進行建模
- (D) 訓練模型識別圖像中的隱藏模式，沒有提供標籤

答案：B

5-51. 下列哪一個是常用的機器學習模型？
- (A) 線性迴歸
- (B) 快速排序算法
- (C) 深度優先搜索
- (D) 資料壓縮算法

答案：A

5-52. 機器學習的主要目的是下列哪一項？
(A) 讓電腦能夠玩遊戲
(B) 通過編寫規則來解決問題
(C) 讓電腦能夠從數據中學習並進行預測
(D) 設計新的硬體設備

答案：C

5-53. 在使用梯度下降法優化模型時，如果學習率設置過高，會發生下列哪一項情況？
(A) 模型會收斂得非常快，得到更好的結果
(B) 模型可能會錯過最優解，並在最優解附近震盪
(C) 模型將完全停止學習
(D) 模型會自動選擇最佳學習率

答案：B

5-54. 神經網絡中的激活函數（Activation Function）主要用來做下列哪一項應用？
(A) 增加網絡的計算能力
(B) 控制網絡的輸出範圍，並引入非線性
(C) 減少網絡的運算時間
(D) 防止網絡過擬合（Overfitting）

答案：B

5-55. 物件偵測（Object Detection）是電腦視覺中的經典問題，下列哪一項深度學習模型架構不是物件偵測常用的模型？
(A) YOLO（You Only Look Once）
(B) R-CNN
(C) Faster R-CNN
(D) Sequence-to-Sequence

答案：D

5-56. 在 K-最近鄰（KNN）算法中，參數 K 的作用是下列哪一項？
(A) 決定模型的學習率
(B) 決定用於分類的鄰居數量
(C) 控制數據的維度
(D) 決定訓練集的大小

答案：B

5-57. 隨機森林（Random Forest）是下列哪一種類型的演算法？
(A) 集成學習（Ensemble Learning）演算法
(B) 迴歸演算法
(C) 聚類演算法
(D) 線性演算法

答案：A

5-58. 關於深度學習模型的資料前處理，下列哪一項錯誤？
(A) 輸入可以是任何型態的資料
(B) 特徵通常需要經過正規化（Normalization）
(C) 若資料有缺失值，必須先經過填補
(D) 若資料有類別型態（Categorical）資料，必須使用一位有效編碼（One-Hot Encoding）轉換

答案：A

5-59. 下列哪一項並非近年來深度學習受到廣泛重視的原因？
(A) 深度學習與神經網路是一個全新的領域
(B) 我們可以蒐集/取得更大量的資料
(C) 硬體的運算能力增強
(D) 在國際圖像辨識大賽取得優異的成績

答案：A

5-60. 關於訓練深度學習模型的敘述，下列哪一項正確？
(A) 若模型參數過少，可能會導致欠擬合（Underfitting）
(B) 若訓練損失沒有下降，我們應該調高學習率（Learning Rate），加速訓練
(C) 降低訓練資料集的數量不會影響模型訓練的表現
(D) 資料的品質與訓練結果無關，只要資料量夠大，再髒的資料都可以得到不錯的結果

答案：A

5-61. 關於各種模型與其可以解決之問題的配對，下列哪一種錯誤？
(A) CycleGAN - 語意理解
(B) U-Net - 圖像語義分割
(C) Attention-Based Network（Transformer） - 機器翻譯
(D) YOLO - 物體偵測

答案：A

5-62. 下列哪一項並非 Q-Learning 中的要素？
(A) 行動（Action）
(B) 監督（Supervise）
(C) 狀態（State）
(D) 酬賞（Reward）

答案：B

5-63. 在訓練神經網絡時，使用反向傳播算法的目的是下列哪一項？
(A) 計算輸出層的激活值
(B) 計算梯度並更新權重
(C) 增加神經網絡的層數
(D) 減少訓練集的大小

答案：B

5-64. 下列哪一個模型適合用來處理時間序列數據？
(A) 決策樹（Decision Tree）
(B) 隨機森林（Random Forest）
(C) 長短期記憶網路（LSTM）
(D) 主成分分析（PCA）

答案：C

5-65. 下列哪一個語言模型常用於自然語言處理（NLP）中的文本生成？
(A) K-最近鄰（KNN）
(B) 遞迴神經網路（RNN）
(C) 隨機森林（Random Forest）
(D) 卷積神經網路（CNN）

答案：B

5-66. 在建置神經網路層的過程中，權重（Weights）與偏差（Bias）的起始值扮演重要的角色。請問關於權重與偏差之敘述，下列哪一項錯誤？
(A) 權重的起始值可為正數或負數
(B) 不同的權重起始點將可能導致最後模型收斂位置不同
(C) 各層的權重可以使用統一的常數（c）作為起始值
(D) 各層的偏差可以使用統一的常數（c）作為起始值

答案：C

## 3-7 第六類：AI 統計與資料分析原理

6-01. 下列哪一種機器學習算法最適合用於預測連續型數值？
  (A) 邏輯迴歸
  (B) 線性迴歸
  (C) 決策樹（Decision Tree）
  (D) K-means 聚類

答案：B

6-02. 在深度學習中，下列哪一個激活函數（Activation Function）可以幫助解決梯度消失問題？
  (A) Sigmoid
  (B) Tanh
  (C) ReLU
  (D) Softmax

答案：C

6-03. 某一社區年齡之集合為 {12, 24, 33, 2, 4, 55, 68, 26}，其標準差（Standard Deviation）最接近下列哪一個？
  (A) 33
  (B) 24
  (C) 55
  (D) 26

答案：B

6-04. 在處理高維數據時，下列哪一種方法可以用來降低維度？
  (A) 批次標準化（Batch Normalization）
  (B) 主成分分析（PCA）
  (C) 梯度下降（Gradient Descent）
  (D) K-means 聚類分析

答案：B

6-05. 某賣場有 12 個銷售價格記錄排序如下：2, 11, 12, 13, 16, 35, 50, 55, 72, 92, 204, 215。使用等頻分割法（Equal Depth/Frequency）劃分成四組，16 在下列哪一個箱子內？

(A) 第一個
(B) 第二個
(C) 第三個
(D) 第四個

答案：B

6-06. 某賣場有 12 個銷售價格記錄排序如下：2, 11, 12, 13, 16, 35, 50, 55, 72, 92, 204, 215。使用等距分割法（Equal Width/Distance）劃分成四組，16 在下列哪一個箱子內？

(A) 第一個
(B) 第二個
(C) 第三個
(D) 第四個

答案：A

6-07. 某銀行客戶資料中，收入 income 的最大與最小值分別是 98000 元和 12000 元。若以最大最小正規化的方法將屬性的值映射到 0 至 1 的範圍內，則屬性 income 為 73600 元將被轉化為下列哪一項？

(A) 0.221
(B) 0.426
(C) 0.716
(D) 0.821

答案：C

6-08. 下列哪一個並非專用於視覺化時間空間資料的技術？

(A) 等高線圖
(B) 圓餅圖
(C) 曲面圖
(D) 折線圖

答案：B

6-09. 當研究者不確定應該抽取多少樣本才能滿足研究需求時，可以使用下列哪一種抽樣方法？
- (A) 可以放回的簡單隨機抽樣
- (B) 不可放回的簡單隨機抽樣
- (C) 分層抽樣
- (D) 漸進抽樣

答案：D

6-10. 某醫院希望對病人做抽樣調查，當樣本數量夠大時，樣本平均數的分布將趨近於下列哪一種分配？
- (A) 常態分配
- (B) 負偏態分配
- (C) 正偏態分配
- (D) 資料不足，無法判斷

答案：A

6-11. 在評估當前深度學習模型性能時，通常會進行下列哪一項步驟以確保訓練集和測試集的公平性與代表性？
- (A) 隨機移除訓練集中一半的數據，以減少過擬合（Overfitting）
- (B) 使用單獨分層訓練收集，並測量測試集內各類別的比例及總對應關係
- (C) 使用測試集來訓練模型，以提升效能
- (D) 將模型的所有輸出隨機修改，以測試其隨機性

答案：B

6-12. 在訓練一個機器學習模型時，若模型在訓練數據上表現良好，但在測試數據上表現不佳，這種現象被稱為下列哪一項？
- (A) 欠擬合（Underfitting）
- (B) 過擬合（Overfitting）
- (C) 欠樣本化
- (D) 欠測驗化

答案：B

6-13. 在 K-means 聚類算法中，下列哪一種方法可以確定最佳的 K 值？
    (A) 總是選擇最大的 K 值
    (B) 使用肘部法則（Elbow Method）
    (C) 隨機選擇 K 值
    (D) K 值永遠等於數據點的數量

答案：B

6-14. 在神經網路中，下列哪一種激活函數（Activation Function）最常用於多類別分類問題的輸出層？
    (A) ReLU
    (B) Sigmoid
    (C) Tanh
    (D) Softmax

答案：D

6-15. 某銀行從 66 個分行中隨機抽出 6 個分行，之後以這 6 個分行的全部定期存款帳戶作為調查對象。請問是採用下列哪一種抽樣方法？
    (A) 集體抽樣
    (B) 系統抽樣
    (C) 簡單隨機抽樣
    (D) 分層隨機抽樣

答案：A

6-16. 在使用機器學習模型進行預測時，模型的性能評估常用混淆矩陣來進行。下列哪一個指標能夠衡量模型在正類中的預測準確度？
    (A) 精確率（Precision）
    (B) 召回率（Recall）
    (C) F1 分數（F1 Score）
    (D) 特異性（Specificity）

答案：B

6-17. 某班級學生人數為偶數,則這個班級身高的中位數(Median)是下列哪一項?
(A) 無法決定
(B) 兩個中間值皆可
(C) 中間兩個值的平均
(D) 身高以遞增排序後的兩個中間值平均

答案:D

6-18. 在進行機器學習模型訓練時,當資料集中存在大量遺漏值(Missing Values)時,下列哪一種方法最常被用來處理這些遺漏值?
(A) 刪除包含遺漏值的資料行
(B) 將遺漏值替換為 0
(C) 用資料的平均值或中位數填補遺漏值
(D) 隨機生成數值填補遺漏值

答案:C

6-19. 在處理高維資料時,下列哪一種方法最常用來減少資料維度並保持數據變異性?
(A) 樸素貝葉斯分類
(B) 主成分分析(PCA)
(C) 支持向量機(SVM)
(D) K-最近鄰(KNN)

答案:B

6-20. 在進行機器學習模型訓練時,為了避免數據過擬合(Overfitting),下列哪一種方法可以用來隨機忽略部分神經元的輸出?
(A) Dropout
(B) 批量標準化(Batch Normalization)
(C) 隨機森林(Random Forest)
(D) 正則化(Regularization)

答案:A

6-21. 在處理文本資料時，TF-IDF（Term Frequency-Inverse Document Frequency）主要用於下列哪一項？

（A）糾正拼寫錯誤

（B）進行詞性標註

（C）評估詞語在文檔集中的重要性

（D）生成文章摘要

答案：C

6-22. 參加認證考試的學員總共有 1,000 人，統計發現成績趨近於平均數 60 分及標準差 10 分之常態分配，則下列哪一項約是成績在 70 分以上的學員數量？

（A）160

（B）320

（C）350

（D）850

答案：A

6-23. 在分析學生的每日步行數據時，為了估計步行數據的集中趨勢，應使用下列哪一種統計量來最準確地反映數據的平均情況？

（A）中位數

（B）平均數

（C）眾數

（D）標準差

答案：B

6-24. 在分析學生的每日步行數據時，若要衡量數據的離散程度，應使用下列哪一種統計量？

（A）中位數

（B）平均數

（C）眾數

（D）標準差

答案：D

6-25. 在資料分析中，當我們希望找到數據中變數之間的線性關係時，應使用下列哪一種方法？
(A) 主成分分析（PCA）
(B) 線性迴歸
(C) 邏輯迴歸
(D) K-means 聚類

答案：B

6-26. 某連鎖大賣場分析所有分店一年銷售紀錄資料後，發現買衛生紙的顧客有很大的機率也會購買洗髮精，這種資料分析比較接近下列哪一類問題？
(A) 關聯規則分析
(B) 聚類資料分析
(C) 決策資料分析
(D) 自然語言分析

答案：A

6-27. 在資料挖掘的技術中，蒐集原始資料進行轉換、降維是下列哪一個步驟的目的？
(A) 挖掘資料模型
(B) 資料預處理
(C) 預測
(D) 分類

答案：B

6-28. 如附圖所示狀態，評估醫院檢驗肝炎分類演算法的標準下列哪一項正確？
I. 檢驗出有肝炎反應的檢體中有多少件是真正肝炎。
II. 有多少比例的真正肝炎檢體被醫院驗出的標準。
(A) I. Precision, II. Recall
(B) I. Recall, II. Precision
(C) I. Precision, II. ROC
(D) I. Recall, II. ROC

答案：A

6-29. 當不知道資料具有何種特徵，運用下列哪一種技術可以使近似資料在一起？
(A) 關聯分析
(B) 分群分析
(C) 分類分析
(D) 馬可夫模式分析

答案：B

6-30. 在資料前處理階段，為了使不同特徵具有相似的數值範圍，應該使用下列哪一種技術？
(A) 標準化（Standardization）
(B) 欠取樣
(C) 聚類分析
(D) 隨機森林（Random Forest）

答案：A

6-31. 小強的模型預測結果總是偏向某一類，這可能是下列哪一項問題？
(A) 樣本資料不平衡
(B) 特徵太少
(C) 學習率太高
(D) 批次量太小

答案：A

6-32. 在評估二元分類模型性能時，下列哪一個指標用於平衡精確率和召回率？
(A) F1 分數（F1 Score）
(B) 準確率（Accuracy）
(C) 召回率（Recall）
(D) 特異性（Specificity）

答案：A

6-33. 在進行無監督學習（Unsupervised Learning）時，下列哪一種技術最常用於將數據分為不同的群組？
(A) 隨機森林（Random Forest）
(B) K-means 聚類
(C) 邏輯迴歸
(D) 交叉驗證

**答案：B**

6-34. 某飲料店由 A、B、C 三間工廠供應珍珠粉圓。A 供應 50%、B 供應 30%、C 供應 20%。依過去紀錄得知 A 工廠的珍珠粉圓中有 3%、B 工廠有 4%、C 工廠有 5%為瑕疵品。從產品中任選一袋，選出為瑕疵品的機率是下列哪一個？
(A) 0.037
(B) 0.047
(C) 0.066
(D) 0.077

**答案：A**

6-35. 主成分分析（PCA）中，最主要目的是下列哪一項？
(A) 降低數據維度
(B) 消除資料數據中的噪聲
(C) 識別資料數據中的異常值
(D) 對資料數據進行標準化處理

**答案：A**

6-36. 在評估分類模型的性能時，下列哪一個評估指標可以直接反映模型在預測為正類時的準確度？
(A) 精確率（Precision）
(B) 召回率（Recall）
(C) 特異性（Specificity）
(D) F1 分數（F1 Score）

**答案：A**

## 3-8　第七類：AI 系統開發資源

7-01. 下列哪一個 Python 指令會出現錯誤？

　　　(A) a -= b
　　　(B) a+=b
　　　(C) a = b = c = d = 1
　　　(D) a = (b = c + 2)

答案：D

7-02. 針對 Python 變數管理，下列哪一項錯誤？

　　　(A) 變數不須宣告資料型態
　　　(B) 變數不須事先宣告
　　　(C) 變數不須先建立和給值而直接使用
　　　(D) 變數可以使用 del 釋放資源

答案：C

7-03. 下列哪一項不是 Python 合法的變數名稱？

　　　(A) NAME
　　　(B) int64
　　　(C) ML64_
　　　(D) 64ML

答案：D

7-04. 下列哪一項不是 Python 所支援的預設資料型態？

　　　(A) list
　　　(B) set
　　　(C) string
　　　(D) char

答案：D

7-05. 對於 Python 字串（string）的運用，下列哪一項錯誤？
  (A) 字元可以視為是長度為 1 的字串
  (B) 可以使用單引號或雙引號建立字串
  (C) 預設可以使用 + 號串接兩個字串
  (D) 預設可以使用 - 號刪除字串內的子字串

**答案：D**

7-06. 對於 Python 的指令敘述，下列哪一項錯誤？
  (A) max = x if x>y else y
  (B) max = x ? x>y :y
  (C) if (x>y): print(x)
  (D) while x>y: print(x)

**答案：B**

7-07. 對於 Python 語言，假設 var 的值是 1，執行完指令 var = 'Hello'[var]+'var'，var 的結果為下列哪一個？
  (A) Hello
  (B) li
  (C) Hvar
  (D) evar

**答案：D**

7-08. 下列哪一項為安裝 PyTorch 的方式？
  (A) pip install tensorflow
  (B) pip install numpy
  (C) pip install torch
  (D) pip install keras

**答案：C**

7-09. 下列哪一個是用來繪圖的 Python 函式庫？
    (A) pandas
    (B) numpy
    (C) matplotlib
    (D) os

答案：C

7-10. 在 PyTorch 中，torch.tensor()功能是下列哪一項？
    (A) 用於儲存圖像的數據結構
    (B) 用於表示多維數據的基本數據結構
    (C) 用於優化模型的訓練
    (D) 將數據可視化

答案：B

7-11. 下列哪一個是用於數據操作的 Python 函式庫？
    (A) torch
    (B) numpy
    (C) tensorflow
    (D) scikit-learn

答案：B

7-12. 在 PyTorch 中，下列哪一項是將數據搬到 GPU 的方式？
    (A) model.gpu()
    (B) model.cuda()
    (C) model.to(gpu)
    (D) model.to("cuda")

答案：D

7-13. 下列哪一項是 TensorFlow 中用來優化模型的類別？

    (A) tf.keras.layers

    (B) tf.keras.optimizers

    (C) tf.keras.losses

    (D) tf.keras.callbacks

答案：B

7-14. 在 PyTorch 中，下列哪一項可以計算兩個張量的點積？

    (A) torch.add()

    (B) torch.mul()

    (C) torch.dot()

    (D) torch.mm()

答案：C

7-15. 下列哪一個 TensorFlow 模組用於構建神經網路層？

    (A) tf.keras.layers

    (B) tf.keras.optimizers

    (C) tf.data.Dataset

    (D) tf.keras.metrics

答案：A

7-16. PyTorch 中常用的圖像和數據增強函式庫是下列哪一項？

    (A) torchvision

    (B) numpy

    (C) scipy

    (D) pandas

答案：A

7-17. 在 TensorFlow，下列哪一項是以一層一層疊加的方式，建立一個神經網路模型？

  (A) tf.keras.models.Sequential()
  (B) tf.keras.layers.Input()
  (C) tf.keras.losses.CategoricalCrossentropy()
  (D) tf.optim.Adam()

答案：A

7-18. 下列哪一個函數可用於導入 PyTorch 中的資料集？

  (A) torch.utils.data.DataLoader()
  (B) torch.load_dataset()
  (C) torch.utils.data.Dataset()
  (D) torch.data.load()

答案：A

7-19. 下列哪一個是 TensorFlow 中提前結束訓練的函數？

  (A) EarlyStopping
  (B) DataLoader
  (C) torch.nn.Module
  (D) optimizer.step()

答案：A

7-20. Python 程式碼 x = "Hello"中，print(x[1:4])的輸出結果是下列哪一項？

  (A) Hel
  (B) ell
  (C) lo
  (D) elo

答案：B

7-21. 在 TensorFlow 中，下列哪一項用於加載模型的權重？

(A) model.fit()
(B) model.save()
(C) model.load_weights()
(D) model.compile()

答案：C

7-22. 在 PyTorch 中，用於計算損失的函數是下列哪一項？

(A) torch.optim.Adam()
(B) torch.nn.CrossEntropyLoss()
(C) torch.Tensor()
(D) torch.nn.Module()

答案：B

7-23. 在 TensorFlow 中，下列哪一項用於設定梯度下降函數？

(A) tf.keras.optimizers.Adam()
(B) tf.keras.layers.Dense()
(C) tf.keras.callbacks.ModelCheckpoint()
(D) tf.keras.losses.CategoricalCrossentropy()

答案：A

7-24. 在 NumPy 陣列中，下列哪一項用於計算其平均值？

(A) np.mean()
(B) array.total()
(C) np.random()
(D) np.sum()

答案：A

7-25. 在 PyTorch 中，下列哪一項能將模型設置為訓練模式？
    (A) model.eval()
    (B) model.train()
    (C) model.compile(True)
    (D) model.train(False)
答案：B

7-26. Python 程式碼 x = (2 ** 3)中，print(x)的輸出結果是下列哪一項？
    (A) 6
    (B) 5
    (C) 8
    (D) 9
答案：C

7-27. 下列哪一項 Python 指令，可以建立一個字典（Dictionary）變數？
    (A) dict1 = [6:6]
    (B) dict2 = {6,6}
    (C) dict3 = {6:6}
    (D) dict4 = (6:6)
答案：C

7-28. 在 PyTorch 中，下列哪一項用於建立池化層？
    (A) torch.nn.MaxPool2d()
    (B) torch.nn.Conv2d()
    (C) torch.nn.Linear()
    (D) torch.nn.BatchNorm2d()
答案：A

7-29. Kaggle 的主要功能是下列哪一項？
- (A) 社交媒體平台
- (B) 提供資料科學競賽與數據集
- (C) 網頁設計工具
- (D) 提供程式碼編輯器

答案：B

7-30. 在 Kaggle 上，下列哪一項是使用者獲取數據集的方式？
- (A) 透過電子郵件請求
- (B) 直接下載公開數據集
- (C) 參加會議獲得
- (D) 購買數據集

答案：B

7-31. 在 GitHub 中，Commit 是指下列哪一項？
- (A) 發送電子郵件給開發者
- (B) 將程式碼變更保存到版本控制系統中
- (C) 刪除舊版本的程式碼
- (D) 創建新的分支

答案：B

7-32. AWS Open Data 的主要目的是下列哪一項？
- (A) 提供雲端計算服務
- (B) 提供開放的數據集以促進研究和開發
- (C) 社交媒體平台
- (D) 提供網頁設計工具

答案：B

7-33. 在 GitHub 上，下列哪一種方式能將一個分支的變更提交到另一個分支？

(A) 使用 pull request
(B) 使用 git clone
(C) 使用 git fork
(D) 使用 git checkout

答案：A

7-34. 關於 GitHub Actions 的描述，下列哪一項正確？

(A) GitHub Actions 只能用來觸發測試
(B) GitHub Actions 是自動化流程的工具，可以設置不同的工作流程
(C) GitHub Actions 只能針對 JavaScript 專案使用
(D) GitHub Actions 需要手動運行，不能自動觸發運作

答案：B

7-35. 下列哪一個 git 命令可以檢視 GitHub 的歷史提交紀錄？

(A) git log
(B) git clone
(C) git push
(D) git status

答案：A

7-36. 如果想要檢視某一個提交的具體變更內容，應該使用下列哪一個 git 命令？

(A) git diff <提交 ID>
(B) git status
(C) git commit
(D) git branch

答案：A

# 能力評量篇

Techficiency Quotient Certification

## TQC 企業人才技能認證

# 第四章

## 模擬測驗－操作指南

## 4-1　TQC 認證測驗系統-Client 端程式安裝流程

**步驟一：** 執行附書系統，選擇「TQC 認證測驗系統-Client 端程式」，開始安裝程序。

（附書系統下載連結及系統使用說明，請參閱「如何使用本書」）

**步驟二：** 在詳讀「授權合約」後，若您接受合約內容，請按「接受」鈕繼續安裝。

**步驟三**：輸入「使用者姓名」與「單位名稱」後，請按「下一步」鈕繼續安裝。

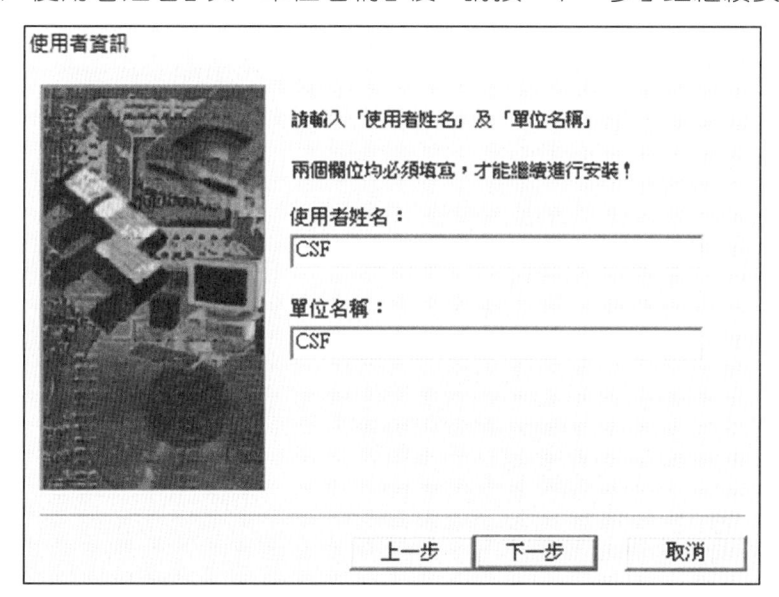

**步驟四**：可指定安裝磁碟路徑將系統安裝至任何一台磁碟機，惟安裝路徑必須為該磁碟機根目錄下的《ExamClient.csf》資料夾。安裝所需的磁碟空間約 70.0MB。

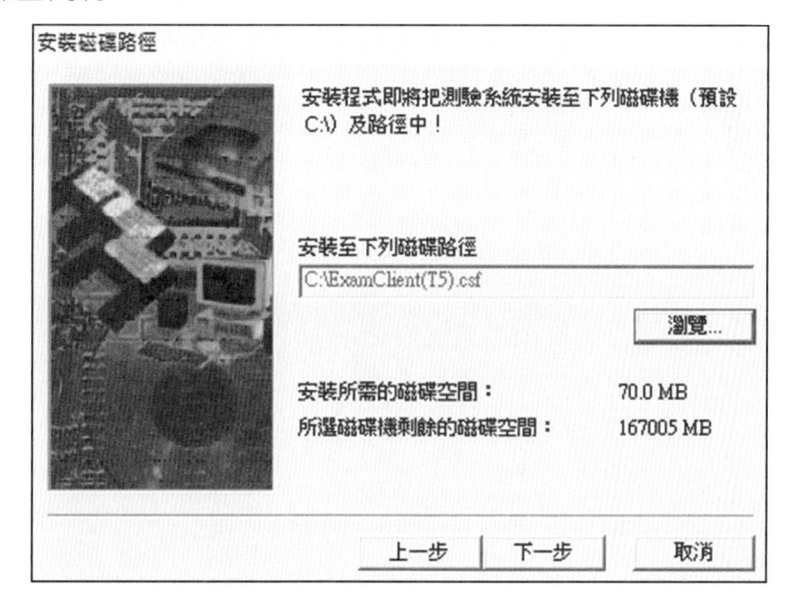

步驟五：本系統預設之「程式集捷徑」在「開始/所有程式」資料夾第一層，名稱為「CSF 技能認證體系」。

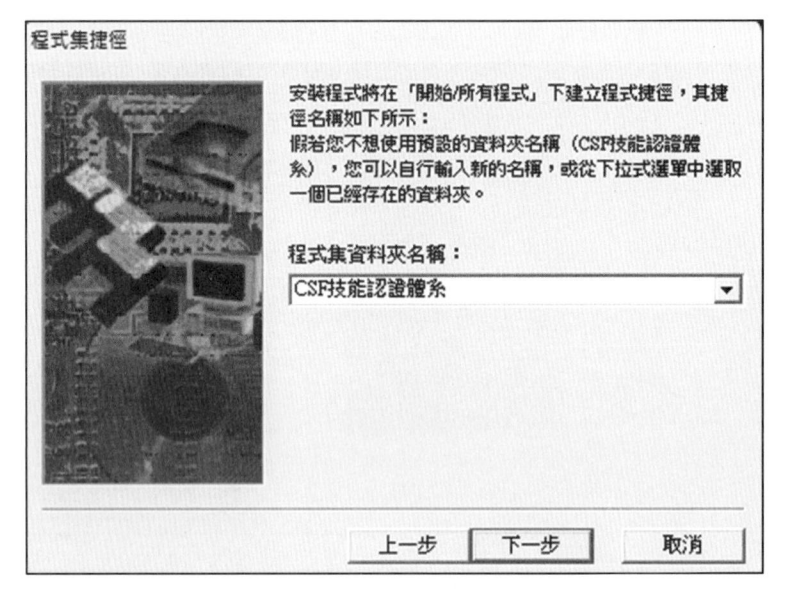

步驟六：安裝前相關設定皆完成後，請按「安裝」鈕，開始安裝。

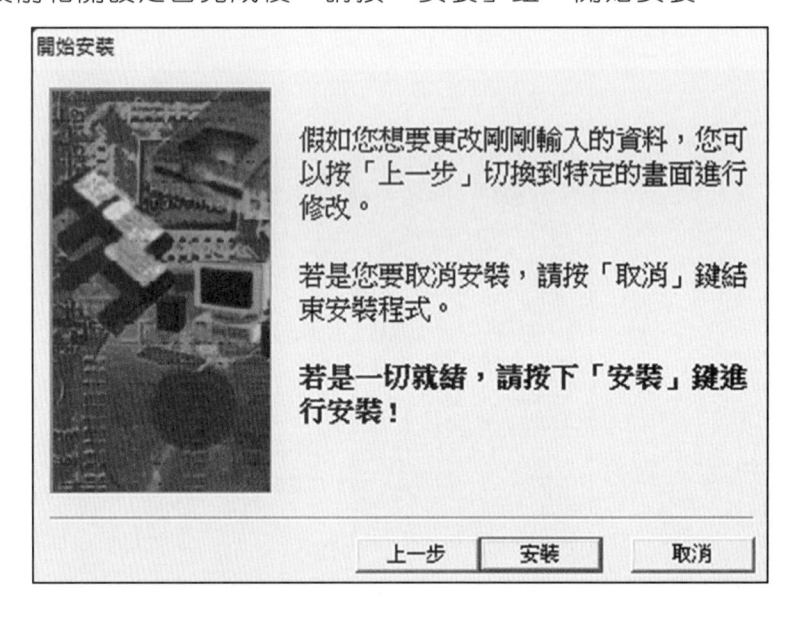

步驟七：安裝程式開始進行安裝動作，請稍待片刻。

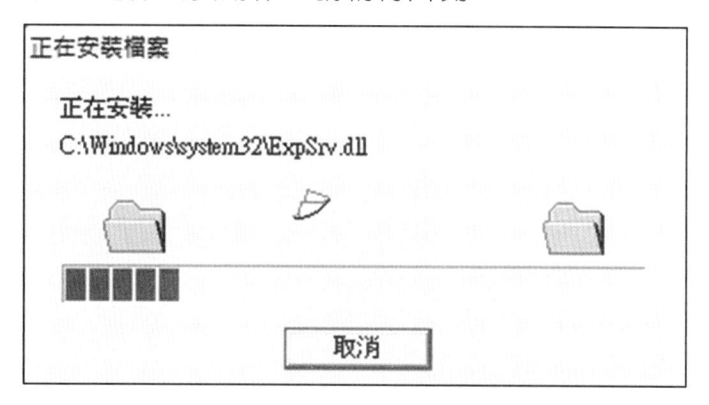

步驟八：以上的項目在安裝完成之後，安裝程式會詢問您是否要執行版本的更新檢查，請按「下一步」鈕。建議您執行本項操作，以確保系統為最新的版本。

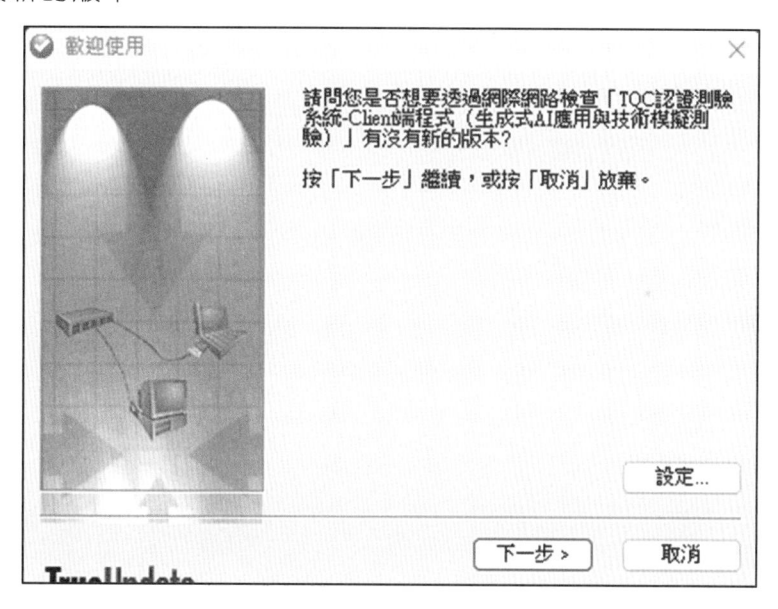

步驟九：接下來進行線上更新，請按「下一步」鈕。

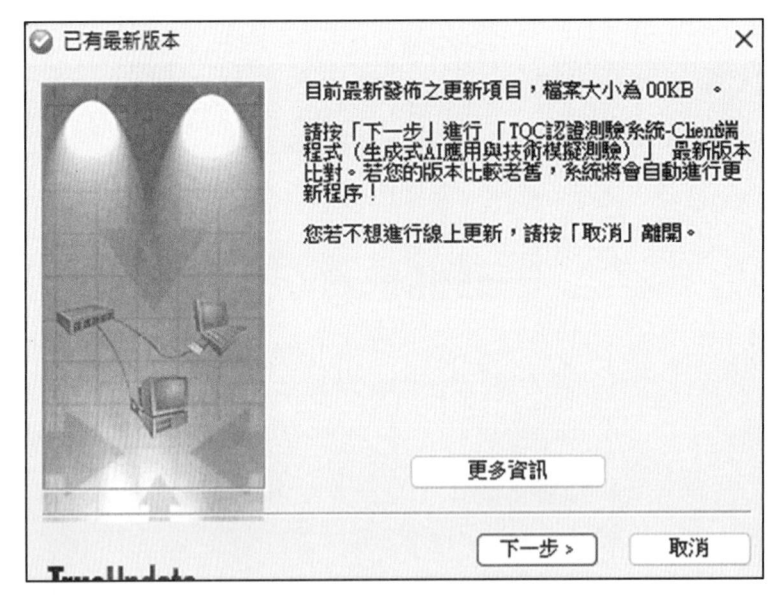

步驟十：更新完成後，出現如下訊息，請按下「確定」鈕。

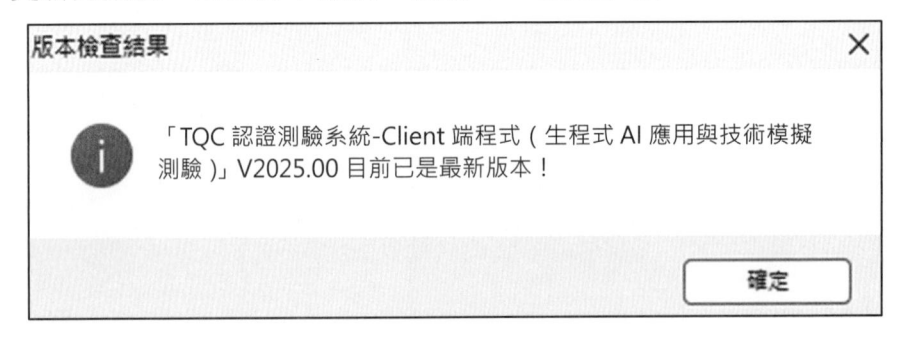

步驟十一： 成功完成更新後，請按下「關閉」鈕。

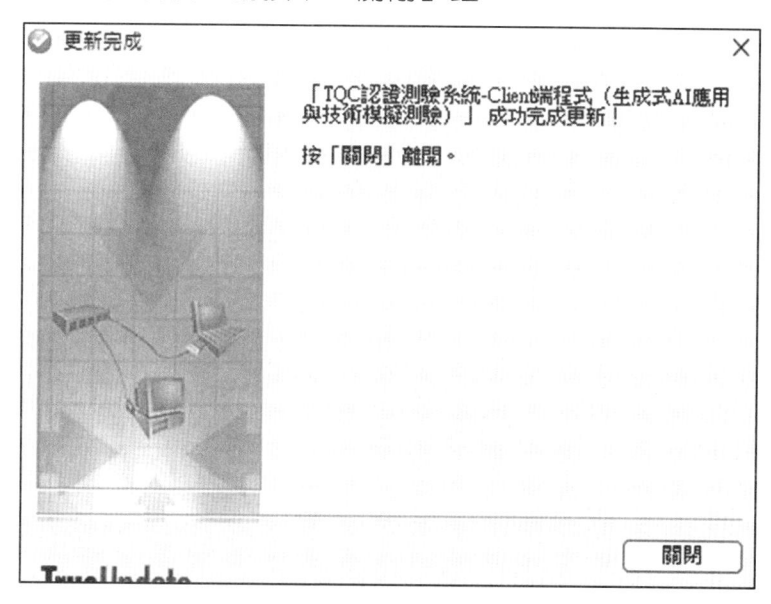

步驟十二： 安裝完成！您可以透過提示視窗內的客戶服務機制說明，取得關於本項產品的各項服務。按下「完成」鈕離開安裝畫面。

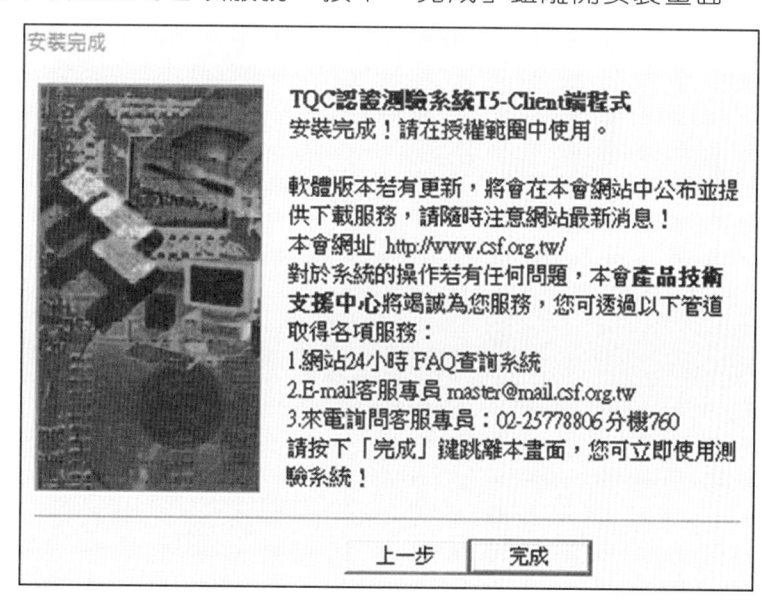

## 4-2 程式權限及使用者帳戶設定

一、系統管理員權限設定,請依以下步驟完成:

步驟一:於「TQC 認證測驗系統 T5-Client 端程式」桌面捷徑圖示按下滑鼠右鍵,點選「內容」。

步驟二:選擇「相容性」標籤,勾選「以系統管理員的身分執行此程式」,按下「確定」後完成設定。

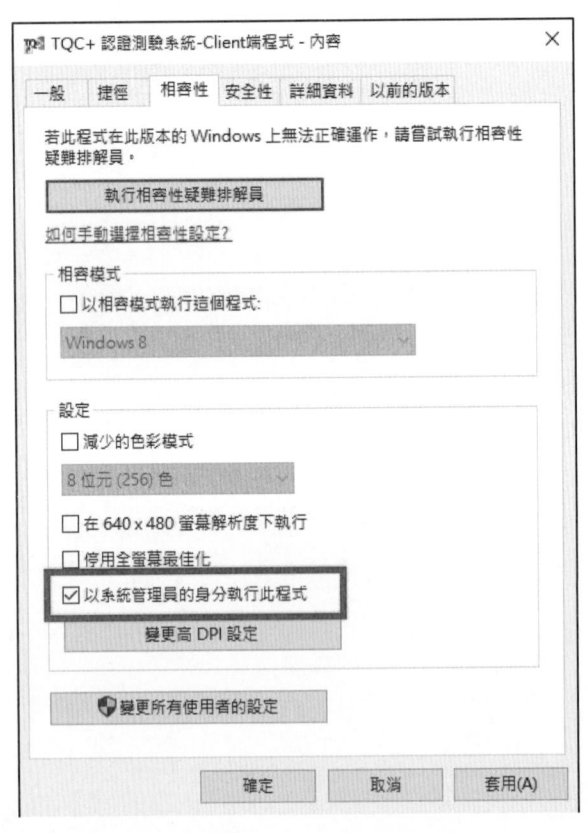

❖ 註:若要避免每次執行都會出現權限警告訊息,請參考下一頁使用者帳戶控制設定。

二、使用者帳戶設定方式如下：

　　步驟一：點選「控制台/使用者帳戶和家庭安全/使用者帳戶」。

　　步驟二：進入「變更使用者帳戶控制設定」。

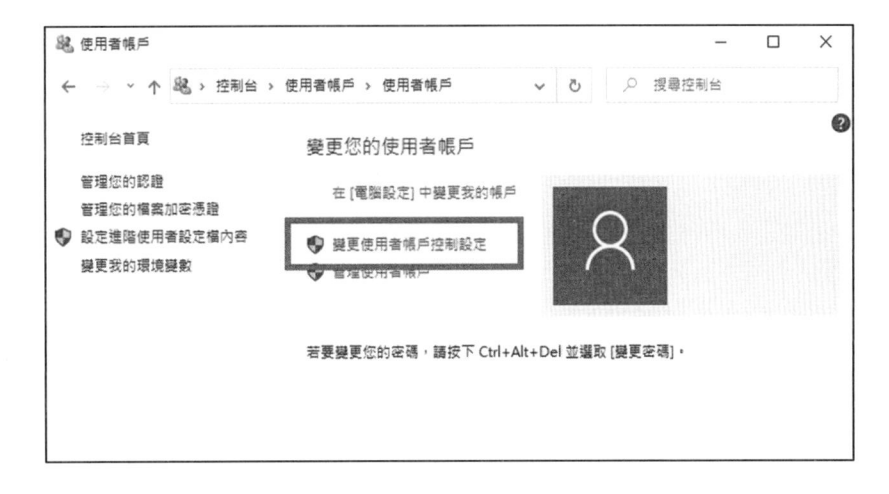

步驟三：開啟「選擇電腦變更的通知時機」，將滑桿拉至「不要通知」。

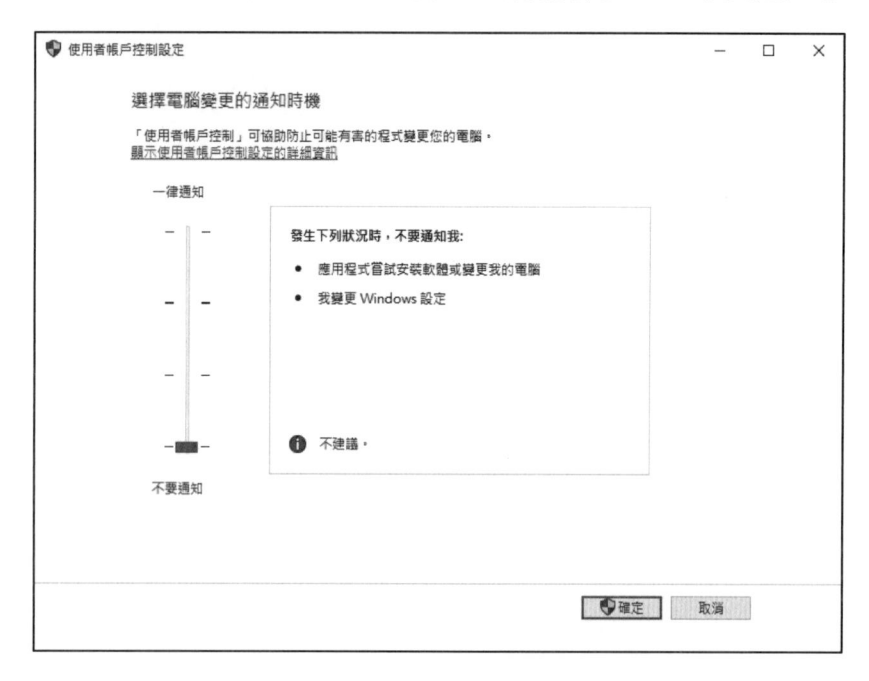

步驟四：按下「確定」後，請務必重新啟動電腦以完成設定。

## 4-3 實地測驗操作程序範例

在測驗之前請熟讀「4-3-1 測驗注意事項」，瞭解測驗的一般規定及限制，以免失誤造成扣分。

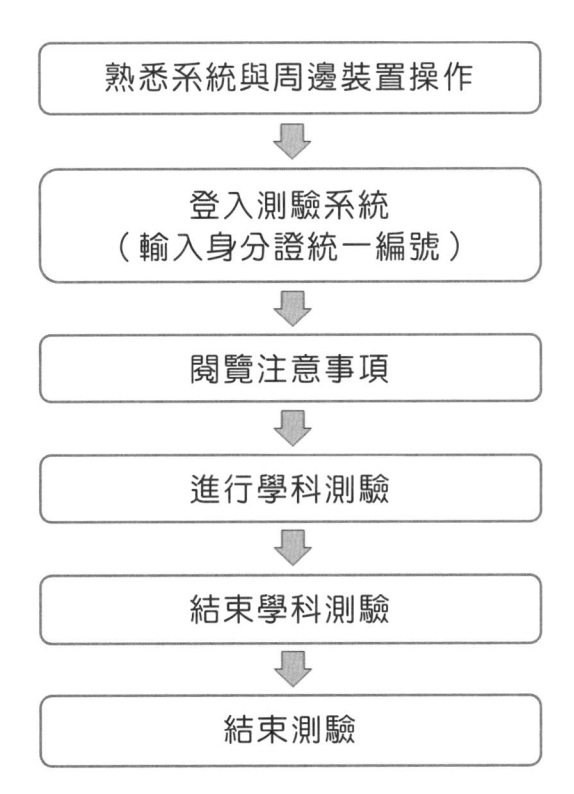

```
熟悉系統與周邊裝置操作
        ⬇
    登入測驗系統
（輸入身分證統一編號）
        ⬇
    閱覽注意事項
        ⬇
    進行學科測驗
        ⬇
    結束學科測驗
        ⬇
      結束測驗
```

## 4-3-1 測驗注意事項

一、本測驗共分三個級別：

- 生成式 AI 應用與技術認證（實用級 AT1）：
  學科為第一至三類，單選題共 50 題，每題 2 分，總計 100 分。於認證時間 40 分鐘內作答完畢，成績加總達 70 分（含）以上者該科合格。

- 生成式 AI 應用與技術認證（進階級 AT2）：
  學科為第一至五類，單選題共 50 題，每題 2 分，總計 100 分。於認證時間 60 分鐘內作答完畢，成績加總達 70 分（含）以上者該科合格。

- 生成式 AI 應用與技術認證（專業級 AT3）：
  學科為第一至七類，單選題共 50 題，每題 2 分，總計 100 分。於認證時間 60 分鐘內作答完畢，成績加總達 70 分（含）以上者該科合格。

二、執行桌面的「TQC 認證測驗系統 T5-Client 端程式」，請依指示輸入：

1. 試卷編號，如 AI1-0001，即輸入「AI1-0001」。
2. 進入測驗準備畫面，聽候監考老師口令開始測驗。
3. 測驗開始，測驗程式開始倒數計時，請依照題目指示作答。
4. 計時終了無法再作答及修改，請聽從監考人員指示。

三、聽候監考人員指示。有任何問題請舉手發問，切勿私下交談。

## 4-3-2 實地測驗操作演示

現在我們假設考生甲報考的是生成式 AI 應用與技術專業級的認證,試卷編號為 AI1-0001。(❖ 註:本書「第五章 實力評量-模擬試卷」中,內含三回試卷可供使用者模擬實際認證測驗之情況。)

**步驟一**:開啟電源,從硬碟 C 開機。
**步驟二**:進入 Windows 作業系統及周邊環境熟悉操作。
**步驟三**:執行桌面的「TQC 認證測驗系統 T5-Client 端程式」程式項目。
**步驟四**:請輸入測驗試卷編號「AI1-0001」按下「登錄」鈕。
**步驟五**:請詳細閱讀「測驗注意事項」後,按下「開始」鍵。

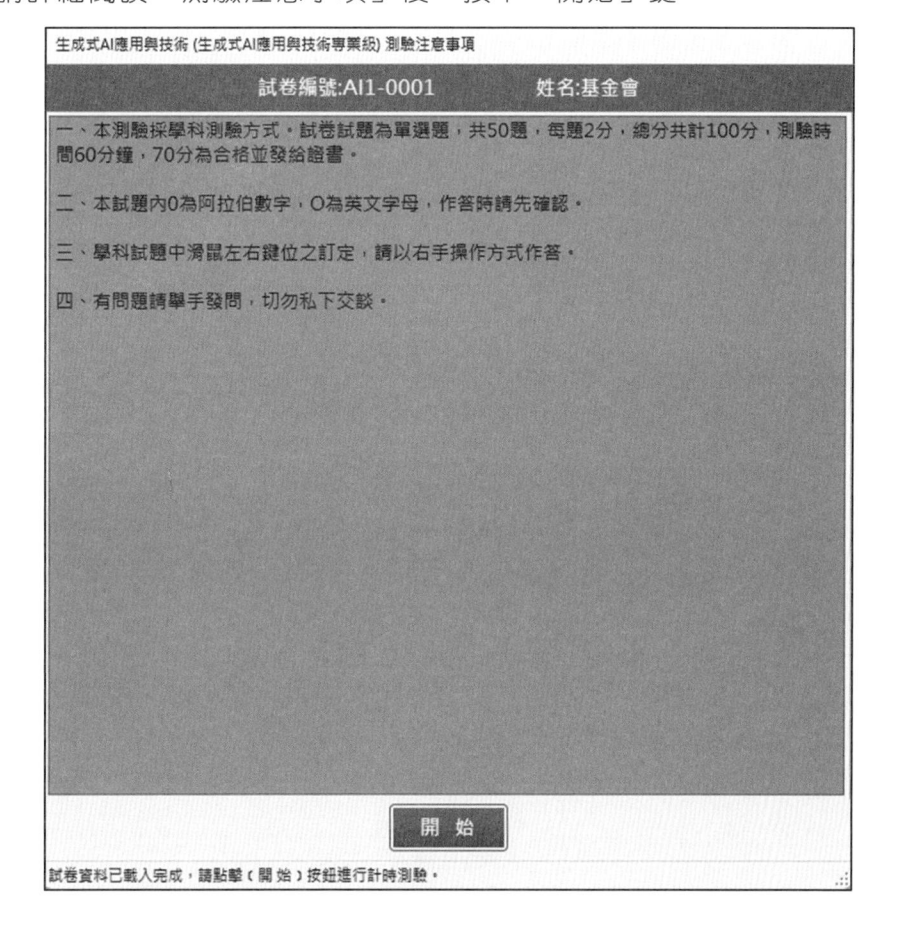

步驟六：請依照學科測驗系統指示逐題作答，考生可利用「下一題」及「上一題」進行作答題目之切換，視窗下緣會顯示「使用時間」及「學科總時間」。

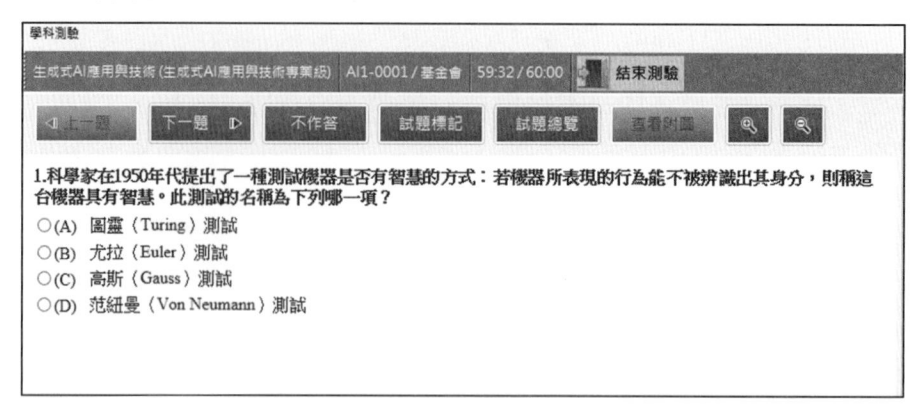

該道題目若有附圖說明，可按下「查看附圖」作為答題之參考。若對某一題先前之輸入答案沒有把握，可按下「不作答」鈕清除該題原輸入之答案，或按下「試題標記」鈕將該題註記（如欲取消該題的註記即點選「取消標記」鈕）。

步驟七：按下「試題總覽」鈕，即出現「試題總覽」窗格，除了以不同顏色顯示未作答、已作答及考生註記的題目之外，也可點選該題號前往該題。

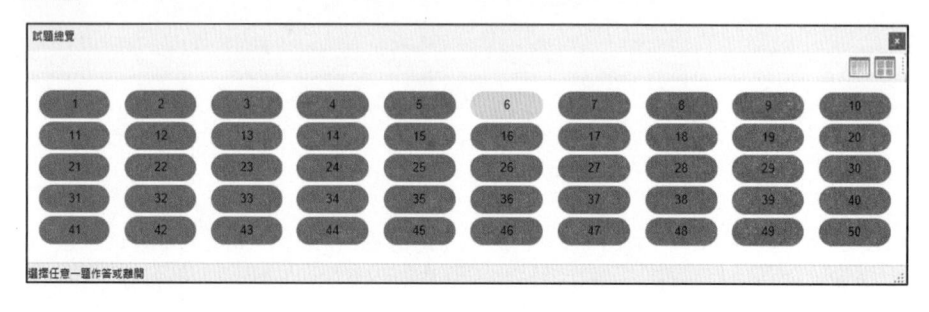

**步驟八**：作答完成,請確認作答無誤後,可按下測驗系統右下角之「結束學
科測驗」選項。此時系統會再次提醒您是否確定要結束,請按「是」
鈕。

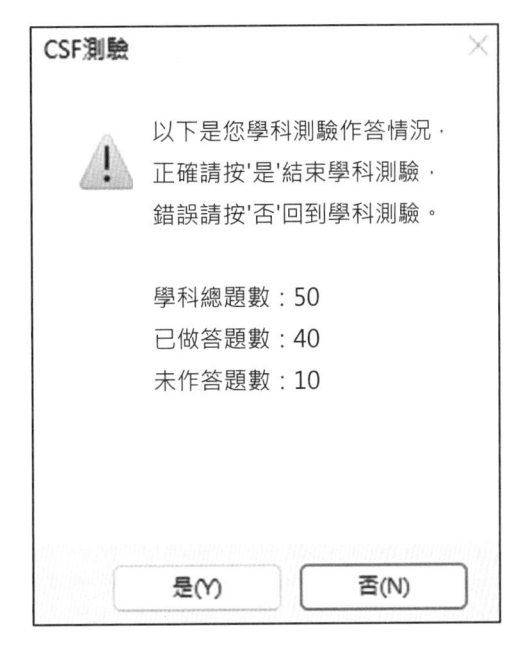

```
CSF測驗                                    ×

  ⚠   以下是您學科測驗作答情況,
      正確請按'是'結束學科測驗,
      錯誤請按'否'回到學科測驗。

      學科總題數:50
      已做答題數:40
      未作答題數:10

          是(Y)         否(N)
```

**步驟九**：評分結果將會顯示在螢幕上，評分結果含各題得分狀況及本回總分。

| | 檢視作答結果 | | | |
|---|---|---|---|---|
| 梯次編號：AI1911116 | | | | |
| 試卷編號：AI1-0001 | | | | |
| 學科部分： | | | | |
| 總題數：50　已作答題數：40　未作答題數：10 | | | | |
| 題號 | 考生做答 | 標準答案 | 得分 | 倒扣 |
| 001 | A | A | 2 | 0 |
| 002 | B | B | 2 | 0 |
| 003 | B | B | 2 | 0 |
| 004 | B | B | 2 | 0 |
| 005 | A | A | 2 | 0 |
| 006 | D | D | 2 | 0 |
| 007 | B | B | 2 | 0 |
| 008 | D | D | 2 | 0 |
| 009 | B | B | 2 | 0 |
| 010 | B | B | 2 | 0 |
| 011 | B | B | 2 | 0 |
| 012 | C | C | 2 | 0 |
| 013 | C | C | 2 | 0 |
| 014 | C | C | 2 | 0 |
| 015 | C | C | 2 | 0 |
| 016 | C | C | 2 | 0 |
| 017 | D | D | 2 | 0 |

學科小計：80
總　　計：80

[離開]

**說明**：
1. 此項為供使用者練習與自我評核之用，與正式考試的畫面顯示會有所差異。
2. 完成 AI1-0001 模擬測驗後，系統將會記錄您的成績，若您欲繼續練習，請選擇 AI1-0002 試卷進行模擬測驗。

# CHAPTER 5

## 第五章 ▶

## 實力評量－模擬試卷

試卷編號：AI1-0001

試卷編號：AI1-0002

試卷編號：AI1-0003

模擬試卷標準答案

試卷編號：AI1-0001

# 生成式 AI 應用與技術模擬試卷【專業級】

【認證說明與注意事項】

一、本測驗採學科測驗方式。試卷試題為單選題，共 50 題，每題 2 分，總分共計 100 分，測驗時間 60 分鐘，70 分為合格並發給證書。

二、本試題內 0 為阿拉伯數字，O 為英文字母，作答時請先確認。

三、所有滑鼠左右鍵位之訂定，以右手操作方式為準，操作者請自行對應鍵位。

四、有問題請舉手發問，切勿私下交談。

學科部分為無紙化測驗，請依照題目指示作答。

01. 科學家在 1950 年代提出了一種測試機器是否有智慧的方式：若機器所表現的行為能不被辨識出其身分，則稱這台機器具有智慧。此測試的名稱為下列哪一項？
    (A) 圖靈（Turing）測試
    (B) 尤拉（Euler）測試
    (C) 高斯（Gauss）測試
    (D) 范紐曼（Von Neumann）測試

02. 在 1980 年代，名為專家系統的人工智慧程序開始被許多公司所採用。請問專家系統的主要概念為下列哪一項？
    (A) 模仿專家對特定的問題進行學習的系統，主要元件為機器學習模組
    (B) 針對特定領域的問題進行回答，主要元件為知識庫與推理機
    (C) 能夠比專家表現更好的人工智慧，主要元件為機器學習模組與推理機
    (D) 針對廣泛領域的問題進行回答的人工智慧，主要元件為知識庫與機器學習模組

03. 電腦科學家對人工智慧的智慧等級進行了數個分類。其中，若人工智慧能夠達到模仿人類解決特定問題的功能，則此人工智慧屬於下列哪一項？
　　(A) 強人工智慧
　　(B) 弱人工智慧
　　(C) 混合式人工智慧
　　(D) 仿生式人工智慧

04. 由於機器學習需要大量的訓練資料來訓練其模型，因此收集資料是一件非常重要的事情。下列哪一項是可以讓我們方便收集大量資料的技術？
　　(A) 支援複雜運算的硬體
　　(B) 雲端服務及網際網路的普及
　　(C) 大數據系統以及技術
　　(D) 人工智慧理論的突破

05. 下列哪一項可以讓模型快速地處理大量資料？
　　(A) 具有快速處理資料的硬體
　　(B) 網際網路的發達
　　(C) 資料來源的多樣性
　　(D) 資料庫技術的進步

06. 現代所稱的人工智慧其實是由許多計算技術所組成的統稱。下列哪一項不屬於人工智慧領域中知名的計算技術的一環？
　　(A) 機器學習（Machine Learning）
　　(B) 演化計算（Evolutionary Computation）
　　(C) 資料探勘（Data Mining）
　　(D) 雲端運算（Cloud Computing）

07. 請問下列哪一種不為常見電腦視覺技術的應用之一？
　　(A) 停車場用的車牌辨識系統
　　(B) YouTube 的自動字幕產生器
　　(C) 無人商店自動結帳
　　(D) iPhone 上的 Face ID

08. 請問下列哪一項不為目前人工智慧應用在醫療領域上的案例？
    (A) 接收醫療用的各種感應器的訊息來重建醫療用影像
    (B) 解讀病人的 X 光片判斷是否罹患肺炎
    (C) 人工智慧系統給出癌症判斷以及治療建議
    (D) 供醫生參考之雲端用藥系統

09. 在自動駕駛中，下列哪一項演算法最常用於檢測道路上的行人？
    (A) 支持向量機（SVM）
    (B) 卷積神經網路（CNN）
    (C) 遞迴神經網路（RNN）
    (D) K-最近鄰（KNN）

10. 在自動駕駛領域中，深度學習的卷積神經網路（CNN）主要用於下列哪一項？
    (A) 自動生成路徑規劃
    (B) 分析和辨識攝影機拍攝的圖像
    (C) 處理語音命令
    (D) 優化燃料消耗

11. AI 在醫療診斷中應用廣泛，其中深度學習的「過擬合」（Overfitting）問題對產業有下列哪一項潛在影響？
    (A) 提高模型的預測精度
    (B) 降低模型對未見數據的泛化能力，導致診斷錯誤
    (C) 增強模型對新型疾病的應對能力
    (D) 提高數據處理速度

12. 請問下列的技術中，下列哪一項不為自駕車中重要研究議題之一？
    (A) 各種感測器技術
    (B) 交通符號辨識
    (C) 自駕車定位系統
    (D) 物體偵測技術

13. 關於生成式 AI 的敘述，下列哪一項錯誤？
    (A) 生成式 AI 是通過學習大量數據來生成新數據的技術
    (B) 生成式 AI 常用的技術包括生成對抗網路（GAN）、長短期記憶網路（LSTM）和 Transformer 模型
    (C) 生成式 AI 僅能用於生成圖像數據，無法生成文本或音頻數據
    (D) Transformer 模型是一種在生成式 AI 中常用的深度學習架構

14. 在生成對抗網路（GAN）的訓練過程中，生成器和判別器之間關係如何影響模型的學習效果，下列哪一項描述正確？
    (A) 生成器和判別器相互獨立工作，不會相互影響
    (B) 生成器和判別器協同工作，共同提高模型的準確性
    (C) 生成器和判別器相互對抗，生成器試圖欺騙判別器，而判別器試圖識別生成數據的真偽
    (D) 生成器負責訓練判別器，判別器則負責生成新數據

15. 關於池化層的敘述，下列哪一項錯誤？
    (A) 抓取重要特徵，去掉不重要的部分
    (B) 提升運作效能
    (C) 多採用最小池化
    (D) 控制過擬合（Overfitting）

16. 下列哪一項不是分群演算法？
    (A) K-means 聚類
    (B) Hierarchical
    (C) Regress
    (D) Density-Based

17. 關於長短期記憶網路（LSTM）的敘述，下列哪一項錯誤？
    (A) 具有長短期記憶
    (B) 藉由輸入閘、輸出閘、遺忘閘控制資料是否輸入或輸出
    (C) 解決遞迴神經網路（RNN）沒有長期記憶的問題
    (D) 無法處理連續性資料

18. 下列哪一項為生成式 AI 在訓練過程中學習數據分佈？
    (A) 訓練生成模型逼近數據分佈
    (B) 利用特徵提取
    (C) 運用資料增強技術
    (D) 透過卷積運算提高效率

19. 下列哪一項關於生成式 AI 的敘述正確？
    (A) 生成式 AI 強調預測準確率（Accuracy）
    (B) Transformer 是常見生成式 AI 模型的一種
    (C) 生成式 AI 只能從已看過的資料中選擇輸出
    (D) 著名的圍棋 AI AlphaGo 使用生成式 AI 來生成候選棋步

20. 下列哪一項不是生成式 AI 的相關技術？
    (A) 長短期記憶網路（LSTM）
    (B) 生成對抗網路（GAN）
    (C) 自然語言處理（NLP）
    (D) 一次性密碼（OTP）

21. 機器學習的主要目標是下列哪一項？
    (A) 建立規則
    (B) 儲存資料
    (C) 讓系統從資料中學習
    (D) 進行手動優化

22. 在 AI 中，「深度學習」符合下列哪一項定義？
    (A) 一種基於多層神經網路的學習方法
    (B) 一種用於資料壓縮的技術
    (C) 一種儲存資料的工具
    (D) 一種用於提升硬體運行效率的技術

23. 決策樹（Decision Tree）的葉節點代表下列哪一項？
    (A) 條件
    (B) 決策
    (C) 根節點
    (D) 中間節點

24. 下列哪一項是無監督學習（Unsupervised Learning）的範例？
    (A) 邏輯迴歸
    (B) K-means 聚類
    (C) 支持向量機（SVM）
    (D) 決策樹（Decision Tree）

25. 下列哪一個演算法最適合用於分類任務？
    (A) K-means 聚類
    (B) 邏輯迴歸
    (C) 層次聚類
    (D) 主成分分析（PCA）

26. 下列哪一項不是強化學習（RL）的要素？
    (A) 回報
    (B) 動作
    (C) 狀態
    (D) 分群

27. 下列哪一個是非線性模型？
    (A) 資料排序演算法
    (B) 決策樹（Decision Tree）
    (C) 資料壓縮演算法
    (D) 資料儲存技術

28. 在機器學習中,過擬合(Overfitting)的主要原因是下列哪一項?
    (A) 模型無法讀取資料
    (B) 訓練數據格式錯誤
    (C) 過度訓練使模型無法適應未來資料
    (D) 資料存儲空間不足

29. 如附圖所示,同一層狀態之拜訪順序為由左而右。在狀態空間中,從狀態 A 開始進行深度優先(Depth First)搜尋的結果應為下列哪一項?

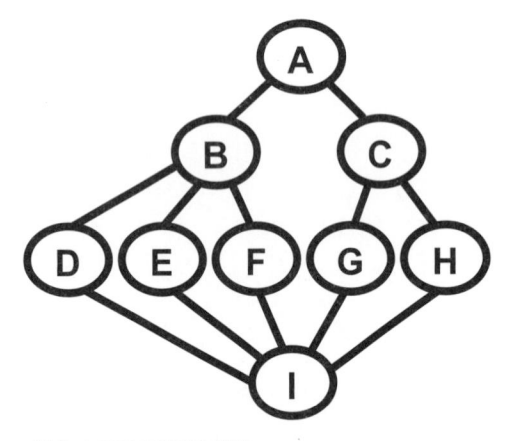

    (A) ABDIEFGCH
    (B) ABCDEFGHI
    (C) ACBHGFEDI
    (D) ABDIEFCGH

30. 梯度下降的主要目的是下列哪一項?
    (A) 減少模型的訓練時間
    (B) 優化模型的損失函數,使其達到最小值
    (C) 增加模型的複雜度
    (D) 增加模型的預測精度

31. 機器學習的主要類型為下列哪一項？
    (A) 監督學習（Supervised Learning）、無監督學習（Unsupervised Learning）、強化學習（RL）
    (B) 監督學習（Supervised Learning）和無監督學習（Unsupervised Learning）
    (C) 無監督學習（Unsupervised Learning）和半監督學習
    (D) 只有監督學習（Supervised Learning）

32. 如附圖所示，三個模型是對於訓練資料的擬合程度，下列哪一項敘述正確？

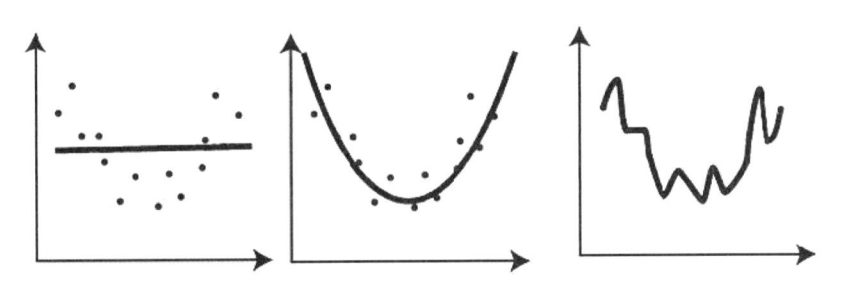

    (A) 最左邊圖片的模型有較高的變異（Variance）
    (B) 中間圖片的模型複雜度不足
    (C) 最右邊圖片的模型可能是過擬合（Overfitting）
    (D) 三個模型的訓練結果都不好

33. 關於機器學習模型的敘述，下列哪一項正確？
    (A) 一個模型如果在訓練集有較高的準確率（Accuracy），說明這個模型一定比較好
    (B) 如果增加模型的複雜度，則測試集的錯誤率會降低
    (C) 如果增加模型的複雜度，則訓練集的錯誤率會降低
    (D) 訓練集的錯誤率越低，測試集的錯誤也會跟著越低

34. 關於訓練集與測試集的比例，下列哪一項較為正確？
    (A) 訓練集：測試集 ＝ 6：4
    (B) 訓練集：測試集 ＝ 5：5
    (C) 訓練集：測試集 ＝ 2：8
    (D) 比例不須固定，須根據資料集判斷

35. 當模型發生過擬合（Overfitting）的情形時，下列哪一種方法無法緩解？
    (A) 減少模型複雜度
    (B) 蒐集更多資料
    (C) 增加模型訓練的時間
    (D) 使用正則化

36. 在監督學習（Supervised Learning）中，模型的輸入通常是下列哪一項？
    (A) 未標記資料
    (B) 標記資料
    (C) 影像
    (D) 文字

37. 下列哪一項是機器學習的合理定義？
    (A) 機器學習從標記的數據中學習
    (B) 機器學習能使計算機從數據中學習並做出決策
    (C) 機器學習是電腦程式的科學
    (D) 機器學習是允許機器人智能行動的領域

38. 替線性迴歸模型增加一個不重要的特徵（Feature）後，R-square 通常會發生下列哪一種變化？
    (A) 增加
    (B) 減少
    (C) 不變
    (D) 不一定

39. 下列哪一種機器學習算法最適合用於預測連續型數值？
    (A) 邏輯迴歸
    (B) 線性迴歸
    (C) 決策樹（Decision Tree）
    (D) K-means 聚類

40. 在深度學習中，下列哪一個激活函數（Activation Function）可以幫助解決梯度消失問題？
    (A) Sigmoid
    (B) Tanh
    (C) ReLU
    (D) Softmax

41. 某一社區年齡之集合為{12, 24, 33, 2, 4, 55, 68, 26}，其標準差（Standard Deviation）最接近下列哪一個？
    (A) 33
    (B) 24
    (C) 55
    (D) 26

42. 在處理高維數據時，下列哪一種方法可以用來降低維度？
    (A) 批次標準化（Batch Normalization）
    (B) 主成分分析（PCA）
    (C) 梯度下降（Gradient Descent）
    (D) K-means 聚類分析

43. 某賣場有12個銷售價格記錄排序如下：2, 11, 12, 13, 16, 35, 50, 55, 72, 92, 204, 215。使用等頻分割法（Equal Depth/Frequency）劃分成四組，16在下列哪一個箱子內？
    (A) 第一個
    (B) 第二個
    (C) 第三個
    (D) 第四個

44. 某賣場有12個銷售價格記錄排序如下：2, 11, 12, 13, 16, 35, 50, 55, 72, 92, 204, 215。使用等距分割法（Equal Width/Distance）劃分成四組，16 在下列哪一個箱子內？
    (A) 第一個
    (B) 第二個
    (C) 第三個
    (D) 第四個

45. 下列哪一個 Python 指令會出現錯誤？
    (A) a -= b
    (B) a+=b
    (C) a = b = c = d = 1
    (D) a = (b = c + 2)

46. 針對 Python 變數管理，下列哪一項錯誤？
    (A) 變數不須宣告資料型態
    (B) 變數不須事先宣告
    (C) 變數不須先建立和給值而直接使用
    (D) 變數可以使用 del 釋放資源

47. 下列哪一項不是 Python 合法的變數名稱？
    (A) NAME
    (B) int64
    (C) ML64_
    (D) 64ML

48. 下列哪一項不是 Python 所支援的預設資料型態？
    (A) list
    (B) set
    (C) string
    (D) char

49. 對於 Python 字串（string）的運用，下列哪一項錯誤？
    (A) 字元可以視為是長度為 1 的字串
    (B) 可以使用單引號或雙引號建立字串
    (C) 預設可以使用 + 號串接兩個字串
    (D) 預設可以使用 - 號刪除字串內的子字串

50. 對於 Python 的指令敘述，下列哪一項錯誤？
    (A) max = x if x>y else y
    (B) max = x ? x>y :y
    (C) if (x>y): print(x)
    (D) while x>y: print(x)

試卷編號：AI1-0002

# 生成式 AI 應用與技術模擬試卷【專業級】

## 【認證說明與注意事項】

一、本測驗採學科測驗方式。試卷試題為單選題，共 50 題，每題 2 分，總分共計 100 分，測驗時間 60 分鐘，70 分為合格並發給證書。

二、本試題內 0 為阿拉伯數字，O 為英文字母，作答時請先確認。

三、所有滑鼠左右鍵位之訂定，以右手操作方式為準，操作者請自行對應鍵位。

四、有問題請舉手發問，切勿私下交談。

學科部分為無紙化測驗，請依照題目指示作答。

01. 下列哪一項對深度學習模型的敘述是錯誤的？
    (A) 深度學習是由許多神經元所組成
    (B) 深度學習主要的學習任務就是在學習神經網路要有幾層
    (C) 深度學習可以執行分類任務
    (D) 深度學習可以執行預測任務答案

02. 深度學習模型通常使用下列哪一項結構？
    (A) 二次方程
    (B) 決策樹（Decision Tree）
    (C) 神經網路
    (D) 支持向量機（SVM）

03. 1970 年代初，人工智慧首次遇到瓶頸，很多當代最厲害的人工智慧都只能解決某些問題中最簡單的部分，使得許多人對於人工智慧的成效感到失望。其原因不包含下列哪一項？
 (A) 基礎理論的不完備
 (B) 許多問題的計算複雜度成指數成長
 (C) 許多倫理道德的問題讓大家懼怕人工智慧
 (D) 硬體計算能力不夠強

04. 電腦科學家對人工智慧的智慧等級進行了數個分類。其中，若人工智慧能夠達到與人具有相同的自主能力，也就是喜怒哀樂的能力，則此人工智慧屬於下列哪一項？
 (A) 強人工智慧
 (B) 弱人工智慧
 (C) 混合式人工智慧
 (D) 仿生式人工智慧

05. 根據不同的服務，雲端運算分成 IaaS（Infrastructure as a Service）、SaaS（Software as a Service）、PaaS（Platform as a Service）。請問 Google 的線上文件協作是屬於下列哪一種？
 (A) IaaS（Infrastructure as a Service）
 (B) SaaS（Software as a Service）
 (C) PaaS（Platform as a Service）
 (D) IaaS、SaaS、PaaS 皆有

06. Amazon EC2 藉由提供 Web 服務的方式讓使用者可以彈性地執行自己的 Amazon 機器映像檔，並在這個虛擬機器上運行任何想要的軟體或應用程式。請問此種雲端服務屬於下列哪一項？
 (A) IaaS（Infrastructure as a Service）
 (B) SaaS（Software as a Service）
 (C) PaaS（Platform as a Service）
 (D) IaaS、SaaS、PaaS 皆有

07. 在 AI 產業中，下列哪一項技術領域最常用來進行圖像識別？
　　(A) 強化學習（RL）
　　(B) 自然語言處理（NLP）
　　(C) 卷積神經網路（CNN）
　　(D) 生成對抗網路（GAN）

08. 下列哪一種技術是現代語音助理（如 Siri 和 Alexa）背後的核心技術？
　　(A) 支持向量機（SVM）
　　(B) 自然語言處理（NLP）
　　(C) 強化學習（RL）
　　(D) 深度強化學習（DRL）

09. 下列哪一種神經網路結構最常用於自然語言處理（NLP）任務？
　　(A) 卷積神經網路（CNN）
　　(B) 遞迴神經網路（RNN）
　　(C) 自組織映射（SOM）
　　(D) 支持向量機（SVM）

10. 自注意力機制在下列哪一項神經網路架構中產生關鍵作用？
　　(A) 卷積神經網路（CNN）
　　(B) 遞迴神經網路（RNN）
　　(C) Transformer
　　(D) 生成對抗網路（GAN）

11. 下列哪一項 AI 技術最適合用於圖像生成任務？
　　(A) 決策樹（Decision Tree）
　　(B) 生成對抗網路（GAN）
　　(C) 支持向量機（SVM）
　　(D) 強化學習（RL）

12. AI 產業中，下列哪一種學習模式更適合用於解決無標籤數據的問題？
    (A) 監督學習（Supervised Learning）
    (B) 半監督學習
    (C) 無監督學習（Unsupervised Learning）
    (D) 強化學習（RL）

13. 在 CLIP 模型中，下列哪一項是生成式 AI 的目的？
    (A) 將影像轉換為文本描述並進行檢索
    (B) 從文本生成相應的影像
    (C) 生成與輸入影像無關的虛擬數據
    (D) 生成高分辨率影像並進行放大

14. 下列哪一項描述說明生成式 AI 與傳統 AI 方法有何區別？
    (A) 傳統 AI 更關注生成新數據，而生成式 AI 更關注數據分類
    (B) 生成式 AI 能夠生成新的數據樣本，而傳統 AI 主要用於數據分類或迴歸
    (C) 傳統 AI 主要用於無監督學習（Unsupervised Learning），而生成式 AI 主要用於監督學習（Supervised Learning）
    (D) 生成式 AI 只適用於處理結構化數據，而傳統 AI 適用於處理非結構化數據

15. 在生成對抗網路（GAN）中，生成器（Generator）的主要功能是下列哪一項？
    (A) 判斷輸入數據是否為真實數據
    (B) 儲存並處理訓練數據
    (C) 生成類似於真實數據的假數據
    (D) 減少模型的損失函數值

16. 下列哪一項是常用的生成式 AI 架構？
    (A) 卷積神經網路（CNN）
    (B) 長短期記憶網路（LSTM）
    (C) 前饋神經網路（FF）
    (D) 生成對抗網路（GAN）

17. 下列哪一項是生成對抗網路（GAN）的基本構成？
    (A) 生成器與判別器
    (B) 編碼器與解碼器
    (C) 變分自編碼器（VAE）
    (D) 自迴歸模型

18. 下列哪一項方法可以用來穩定生成對抗網路（GAN）的訓練？
    (A) 使用較少的訓練數據
    (B) 減少判別器的層數
    (C) 使用批量正則化和調整學習率
    (D) 將生成器和判別器分開訓練

19. 在處理影像生成任務時，下列哪一個模型結構通常更適合捕捉影像中的局部特徵？
    (A) Transformer
    (B) 卷積神經網路（CNN）
    (C) 圖形卷積網路（GCN）
    (D) 遞迴神經網路（RNN）

20. 請問自迴歸模型（AR）在生成數據時，是依照下列哪一項來生成？
    (A) 隨機變量
    (B) 外部輸入
    (C) 前面的數據
    (D) 固定參數

21. 如附圖所示，同一層狀態之拜訪順序為由左而右。在狀態空間中，從狀態 A 開始進行廣度優先（Breadth First）搜尋的結果應為下列哪一項？

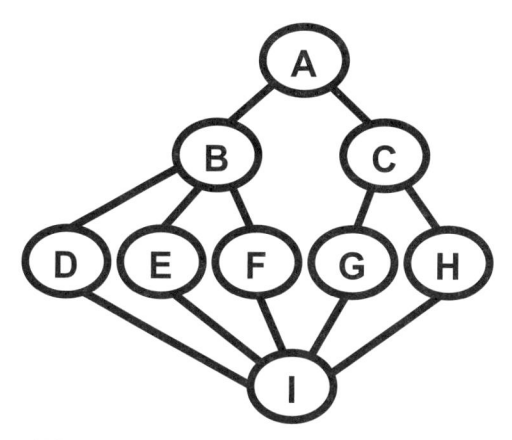

(A) ABCDEFGHI
(B) ABDIEFGCH
(C) ACBHGFEDI
(D) ACHGIBFED

22. 關於狀態空間中進行最佳優先（Best-First）搜尋的描述，下列哪一項錯誤？
    (A) 是在搜尋時優先考慮目前搜尋狀態中，具有最佳分數的分枝，再持續往下搜尋
    (B) 在搜尋過程中，一但碰到所有子狀態的分數都比目前狀態差（低）時，搜尋即告終止
    (C) 在搜尋過程中，會隨時紀錄其他未檢查到的子節點資訊
    (D) 一般會搭配優先佇列（Priority Queue）來進行實作

23. 卷積神經網路（CNN）最適合處理下列哪一種類型的數據？
    (A) 時間序列數據
    (B) 圖像數據
    (C) 文本數據
    (D) 二維表格數據

24. 在專家系統中，推理引擎的主要作用是下列哪一項？
    (A) 儲存數據
    (B) 構建知識庫
    (C) 根據規則推理出結論
    (D) 訓練模型

25. 在 AI 中，「泛化」的定義是下列哪一項？
    (A) 模型記住了訓練數據
    (B) 模型能夠處理未見過的數據
    (C) 簡化模型的複雜度
    (D) 模型能解釋訓練數據

26. 支持向量機（SVM）的主要目標是下列哪一項？
    (A) 最大化分類的錯誤率
    (B) 最大化分類的邊界
    (C) 最小化分類邊界
    (D) 儲存數據

27. 在卷積神經網路（CNN）中，「卷積層」的主要作用為下列哪一項？
    (A) 壓縮數據
    (B) 提取局部特徵
    (C) 減少過擬合（Overfitting）
    (D) 儲存記憶

28. 下列哪一項可以說明什麼是「黑箱模型」？
    (A) 結構簡單且容易解釋的模型
    (B) 結構複雜且難以解釋的模型
    (C) 不需要數據的模型
    (D) 模擬專家系統的模型

29. 強化學習（RL）中，「回報」是指下列哪一項？
    (A) 給模型的懲罰
    (B) 評估行為是否成功的數值
    (C) 訓練模型的參數
    (D) 用來跟蹤模型運行時間

30. 下列哪一項是用於無監督學習（Unsupervised Learning）的演算法？
    (A) 線性迴歸
    (B) K-means 聚類
    (C) 邏輯迴歸
    (D) 決策樹（Decision Tree）學習

31. 下列哪一項是典型的監督學習（Supervised Learning）例子？
    (A) 圖像分類
    (B) 市場區隔分析
    (C) 資料壓縮
    (D) 對話生成

32. K-最近鄰（KNN）是下列哪一項演算法？
    (A) 分類演算法
    (B) 聚類演算法
    (C) 迴歸演算法
    (D) 線性演算法

33. 下列哪一種方法常用來處理類別不平衡問題？
    (A) 特徵選擇
    (B) 權重調整
    (C) 隨機森林（Random Forest）
    (D) 主成分分析（PCA）

34. 關於決策樹（Decision Tree）模型的敘述，下列哪一項錯誤？
    (A) 統計的特徵愈多，樹的分支也就愈多
    (B) 若不限制樹的深度，則最終每個節點上的樣本都屬於同個類別
    (C) 是一具有可視化，可解釋力高的模型
    (D) 決策樹（Decision Tree）相當穩健，不容易發生過擬合（Overfitting）的情形

35. 當模型無法充分學習資料中的模式時，我們稱之為下列哪一項？
    (A) 過擬合（Overfitting）
    (B) 欠擬合（Underfitting）
    (C) 無擬合
    (D) 模型優化

36. 關於「機器學習」這個詞的意義，請問下列哪一種描述較為正確？
    (A) 透過大量機器資源，從過去演算法中自動學習更好的規則
    (B) 設定好目標函數，透過特定演算法從資料中學習出隱含的規則
    (C) 以繪圖、排序、整理等方式，從大量資料中找出有價值的資訊
    (D) 利用程式碼告訴機器規則，讓機器自己學習分析

37. 關於隨機森林（Random Forest）的描述，下列哪一項錯誤？
    (A) 是一種集成學習（Ensemble Learning）的方法
    (B) 每次訓練出來的森林可能有不同的結果
    (C) 每棵樹使用相同的訓練資料與特徵生成
    (D) 透過每棵樹投票的方式決定最後的預測結果

38. 下列哪一個不是常見的機器學習演算法？
    (A) 支持向量機（SVM）
    (B) 決策樹（Decision Tree）
    (C) 螺旋迴歸
    (D) K-means 聚類

39. 某銀行客戶資料中，收入 income 的最大與最小值分別是 98000 元和 12000 元。若以最大最小正規化的方法將屬性的值映射到 0 至 1 的範圍內，則屬性 income 為 73600 元將被轉化為下列哪一項？
    (A) 0.221
    (B) 0.426
    (C) 0.716
    (D) 0.821

40. 下列哪一個並非專用於視覺化時間空間資料的技術？
    (A) 等高線圖
    (B) 圓餅圖
    (C) 曲面圖
    (D) 折線圖

41. 當研究者不確定應該抽取多少樣本才能滿足研究需求時，可以使用下列哪一種抽樣方法？
    (A) 可以放回的簡單隨機抽樣
    (B) 不可放回的簡單隨機抽樣
    (C) 分層抽樣
    (D) 漸進抽樣

42. 某醫院希望對病人做抽樣調查，當樣本數量夠大時，樣本平均數的分布將趨近於下列哪一種分配？
    (A) 常態分配
    (B) 負偏態分配
    (C) 正偏態分配
    (D) 資料不足，無法判斷

43. 在評估當前深度學習模型性能時，通常會進行下列哪一項步驟以確保訓練集和測試集的公平性與代表性？
    (A) 隨機移除訓練集中一半的數據，以減少過擬合（Overfitting）
    (B) 使用單獨分層訓練收集，並測量測試集內各類別的比例及總對應關係
    (C) 使用測試集來訓練模型，以提升效能
    (D) 將模型的所有輸出隨機修改，以測試其隨機性

44. 在訓練一個機器學習模型時，若模型在訓練數據上表現良好，但在測試數據上表現不佳，這種現象被稱為下列哪一項？
    (A) 欠擬合（Underfitting）
    (B) 過擬合（Overfitting）
    (C) 欠樣本化
    (D) 欠測驗化

45. 對於 Python 語言，假設 var 的值是 1，執行完指令 var = 'Hello'[var]+'var'，var 的結果為下列哪一個？
    (A) Hello
    (B) li
    (C) Hvar
    (D) evar

46. 下列哪一項為安裝 PyTorch 的方式？
    (A) pip install tensorflow
    (B) pip install numpy
    (C) pip install torch
    (D) pip install keras

47. 下列哪一個是用來繪圖的 Python 函式庫？
    (A) pandas
    (B) numpy
    (C) matplotlib
    (D) os

48. 在 PyTorch 中，torch.tensor()功能是下列哪一項？
    (A) 用於儲存圖像的數據結構
    (B) 用於表示多維數據的基本數據結構
    (C) 用於優化模型的訓練
    (D) 將數據可視化

49. 下列哪一個是用於數據操作的 Python 函式庫？
    (A) torch
    (B) numpy
    (C) tensorflow
    (D) scikit-learn

50. 在 PyTorch 中，下列哪一項是將數據搬到 GPU 的方式？
    (A) model.gpu()
    (B) model.cuda()
    (C) model.to(gpu)
    (D) model.to("cuda")

試卷編號：AI1-0003

# 生成式 AI 應用與技術模擬試卷【專業級】

## 【認證說明與注意事項】

一、本測驗採學科測驗方式。試卷試題為單選題，共 50 題，每題 2 分，總分共計 100 分，測驗時間 60 分鐘，70 分為合格並發給證書。

二、本試題內 0 為阿拉伯數字，O 為英文字母，作答時請先確認。

三、所有滑鼠左右鍵位之訂定，以右手操作方式為準，操作者請自行對應鍵位。

四、有問題請舉手發問，切勿私下交談。

學科部分為無紙化測驗，請依照題目指示作答。

01. 在 Google Cloud Platform（GCP）上 Google APP Engine 的環境中，使用者不需要維護伺服器，只需將網路應用程式上傳，其他使用者即可使用該應用程式提供之服務。Google APP Engine 屬於下列哪一項？
    (A) IaaS（Infrastructure as a Service）
    (B) SaaS（Software as a Service）
    (C) PaaS（Platform as a Service）
    (D) IaaS、SaaS、PaaS 皆有

02. 某公司在創立初期由於成本因素，選擇了 Google Cloud Platform（GCP）來建立該公司的系統架構，並且部署該公司的服務在其上進行營運。請問，Google Cloud Platform 屬於下列哪一種？
    (A) 公有雲（Public Cloud）
    (B) 私有雲（Private Cloud）
    (C) 社群雲（Community Cloud）
    (D) 混合雲（Hybrid Cloud）

03. 許多學校單位自行擁有機房並且架設自己的雲端平台，且具有自己的資訊管理人員來管理。為了因應校內學生以及職員辦公的需要，這種雲端平台提供了相對應的服務。請問這種作法屬於下列哪一種？
   (A) 公有雲（Public Cloud）
   (B) 私有雲（Private Cloud）
   (C) 社群雲（Community Cloud）
   (D) 混合雲（Hybrid Cloud）

04. 許多大的公司有自己的機房，並在其機房架設雲端平台來進行對內或對外的服務的營運。另外，同時也租用了類似 Google Cloud Platform（GCP）的雲端系統來應付需求增加時的流量。請問此種架構屬於下列哪一種？
   (A) 公有雲（Public Cloud）
   (B) 私有雲（Private Cloud）
   (C) 社群雲（Community Cloud）
   (D) 混合雲（Hybrid Cloud）

05. 雲端運算技術能將資源（CPU、硬碟、記憶體、機器）自由且彈性地依照使用者需求分配。使用者可要求 10 個運算單元，每個運算單元各有 2 個 CPU、38G 的 RAM 及 2T 的硬碟。請問下列哪一項技術可達成該功能？
   (A) 虛擬化技術
   (B) 分散式運算技術
   (C) 最佳化技術
   (D) 互動式技術

06. 下列哪一個系統在 1997 年擊敗西洋棋世界冠軍卡斯帕洛夫？
   (A) Deep Blue
   (B) AlphaGo
   (C) Watson
   (D) Project Debater

07. AI 在醫療影像中的應用，通常使用下列哪一種演算法來進行醫學圖像的分割？
    (A) K-均值聚類
    (B) U-Net
    (C) 隨機森林（Random Forest）
    (D) 主成分分析（PCA）

08. 隨著人工智慧（AI）與物聯網（IoT）發展，兩者匯流進化成 AIoT，驅動「智慧應用」排山倒海而來，全球科技龍頭們搶進 AIoT 的市場。物聯網（IoT）在 AIoT 的主要功能不包含下列哪一項？
    (A) 資料感測
    (B) 資料分析
    (C) 資料收集與彙整
    (D) 資料傳輸

09. 請問人工智慧(AI)部分在 AIoT 所扮演的角色與功能不含下列哪一項？
    (A) 資料前處理
    (B) 執行機器學習演算法
    (C) 執行梯度下降的演算法
    (D) 資料傳輸與感測

10. AI 產業中的邊緣計算技術主要解決下列哪一項問題？
    (A) 資料存儲
    (B) 資料傳輸頻寬和延遲
    (C) 數據清洗
    (D) 模型複雜性數據前處理

11. 智慧製造總稱具有資訊自感知、自決策、自執行等功能的先進製造過程、系統與模式。請問智慧製造中的關鍵技術不包含下列哪一項？
    (A) 人工智慧
    (B) 雲端計算無線傳輸技術
    (C) 物聯網感測技術
    (D) 自然語言技術

12. 在圖像識別任務中，資料增強的目的是下列哪一項？
    (A) 提高模型的推理速度
    (B) 增強模型的魯棒性
    (C) 減少模型的參數
    (D) 增加模型的容量

13. 請問自迴歸模型（AR）在生成式 AI 中的作用是下列哪一項？
    (A) 用於生成序列數據
    (B) 用於圖像分類
    (C) 用於數據壓縮
    (D) 用於數據聚類

14. 下列哪一項不是生成對抗網路（GAN）的變體？
    (A) DCGAN
    (B) CycleGAN
    (C) StyleGAN
    (D) DecisionGAN

15. 請問 BERT 屬於 Transformer 的下列哪一項部分？
    (A) Encoder - 提取輸入文字特徵，並將其表示成向量形式輸出
    (B) Decoder - 依輸入內容語意，生成適當的回應內容
    (C) Self-attention - 一種輸入內容資訊提取機制，擅長完整提取上下文資訊
    (D) Convolution - 一種圖片特徵提取機制，透過層層此種運算，可完整提取圖片由小至大的特徵

16. 下列哪一種生成式 AI 模型使用編碼器-解碼器架構來學習數據集的潛在機率分佈？
    (A) 生成對抗網路（GAN）
    (B) 大型語言模型（Large language models）
    (C) 變分自編碼器（VAE）
    (D) Diffusion models

17. 下列哪一個是變分自編碼器（VAE）的核心特徵？
    (A) 使用對抗性損失來訓練
    (B) 將輸入數據映射到隱變量空間
    (C) 直接生成圖像標籤
    (D) 使用決策樹（Decision Tree）進行分類

18. 下列哪一層在生成式 AI 架構中負責收集、準備和處理信息，並進行特徵提取？
    (A) Data processing layer
    (B) Generative model layer
    (C) Feedback and improvement layer
    (D) Deployment and integration layer

19. 下列哪一種算法常用於生成圖片？
    (A) K-means 聚類
    (B) 線性回歸
    (C) 深度森林
    (D) 自動編碼器

20. 在多模態技術中，下列哪一項不是實現跨模態內容理解與生成的關鍵要素？
    (A) 融合來自不同模態的特徵表示
    (B) 利用深度學習模型處理單一模態數據
    (C) 通過注意力機制增強模型對關鍵資訊的聚焦
    (D) 建立不同模態之間的語意關聯

21. 下列哪一項是決策樹（Decision Tree）的主要缺點？
    (A) 訓練速度慢
    (B) 容易過擬合（Overfitting）
    (C) 需要大量資料
    (D) 只能處理非常簡單的問題

22. 在專家系統中，下列哪一項為需要不確定性處理的原因？
    (A) 增加系統的用戶友好性
    (B) 提升系統的自動化水平
    (C) 因為專家系統通常會面對不完全的資訊
    (D) 減少系統的記憶體使用量

23. 專家系統主要由下列哪一項組成？
    (A) 知識庫和推理引擎
    (B) 資料庫和數據分析
    (C) 推理引擎和數據集
    (D) 神經網路和推理引擎

24. 專家系統的主要應用場景為下列哪一項？
    (A) 圖像處理
    (B) 自動駕駛
    (C) 複雜問題的診斷和解決
    (D) 自然語言生成

25. 在訓練神經網路時，下列哪一項是需要進行「反向傳播」的原因？
    (A) 儲存輸入數據
    (B) 調整網路權重以減少誤差
    (C) 減少訓練數據的數量
    (D) 增強網路的計算能力

26. 下列哪一項是「卷積神經網路」（CNN）常用於處理的數據類型？
    (A) 時間序列數據
    (B) 圖像數據
    (C) 文字數據
    (D) 結構化數據

27. 下列哪一項是正則化技術的主要目的？
    (A) 增加模型的複雜度
    (B) 防止過擬合（Overfitting）
    (C) 減少數據量
    (D) 提高訓練速度

28. 下列哪一項是隨機森林（Random Forest）的主要優勢之一？
    (A) 可以避免過擬合（Overfitting）
    (B) 訓練速度快
    (C) 適合小數據集
    (D) 計算需求少

29. 關於專家系統的敘述，下列哪一項正確？
    (A) 是需要專家才懂得如何操作的資訊系統
    (B) 是需要資訊科技的專家，才懂得如何建置的資訊系統
    (C) 是需要專家的知識，才能建置和運作的資訊系統
    (D) 是需要專家才能理解其解釋內容的資訊系統

30. 關於主成分分析（PCA）的描述，下列哪一項錯誤？
    (A) 使用主成分分析（PCA）前必須對資料做正規化
    (B) 主成分分析（PCA）可以將資料降維至任意維度（至少一維）
    (C) 資料降至低維度後的視覺化通常不具參考價值
    (D) 降維後的特徵通常難以被解釋

31. 特徵縮放（Feature Scaling）是下列哪一項？
    (A) 將特徵向量轉化為二元形式
    (B) 將數據歸一化或標準化，使其位於相似範圍內
    (C) 減少數據集中的特徵數量
    (D) 增加數據集中的特徵數量

32. 在監督學習（Supervised Learning）中，下列哪一項不是常見的損失函數？
    (A) 平均絕對誤差（MAE）
    (B) 均方誤差（MSE）
    (C) 交叉熵
    (D) ReLU 函數

33. 對於監督學習（Supervised Learning）與無監督學習（Unsupervised Learning）的描述，下列哪一項正確？
   (A) 目前市場上以無監督學習（Unsupervised Learning）的應用較為廣泛
   (B) 監督學習（Supervised Learning）需要已完整標記的資料
   (C) 無監督學習（Unsupervised Learning）不需要使用目標函數來優化
   (D) 無監督學習（Unsupervised Learning）不需要任何資料即可訓練

34. 下列哪一種學習是根據標記過的數據進行的？
   (A) 無監督學習（Unsupervised Learning）
   (B) 監督學習（Supervised Learning）
   (C) 強化學習（RL）
   (D) 深度學習

35. 深度學習模型中，下列哪一項用來提取輸入資料的特徵？
   (A) 輸入層
   (B) 隱藏層
   (C) 輸出層
   (D) 決策層

36. 下列哪一種學習方法通常用於處理分類問題？
   (A) K-最近鄰（KNN）
   (B) K-means 聚類
   (C) 主成分分析（PCA）
   (D) 線性迴歸

37. 下列哪一個算法是監督學習（Supervised Learning）算法？
   (A) K-means 聚類
   (B) 隨機森林（Random Forest）
   (C) 主成分分析（PCA）
   (D) DBSCAN

38. 下列哪一個是無監督學習（Unsupervised Learning）的例子？
    (A) 線性迴歸
    (B) K-means 聚類
    (C) 決策樹（Decision Tree）
    (D) 支持向量機（SVM）

39. 在 K-means 聚類算法中，下列哪一種方法可以確定最佳的 K 值？
    (A) 總是選擇最大的 K 值
    (B) 使用肘部法則（Elbow Method）
    (C) 隨機選擇 K 值
    (D) K 值永遠等於數據點的數量

40. 在神經網路中，下列哪一種激活函數（Activation Function）最常用於多類別分類問題的輸出層？
    (A) ReLU
    (B) Sigmoid
    (C) Tanh
    (D) Softmax

41. 某銀行從 66 個分行中隨機抽出 6 個分行，之後以這 6 個分行的全部定期存款帳戶作為調查對象。請問是採用下列哪一種抽樣方法？
    (A) 集體抽樣
    (B) 系統抽樣
    (C) 簡單隨機抽樣
    (D) 分層隨機抽樣

42. 在使用機器學習模型進行預測時，模型的性能評估常用混淆矩陣來進行。下列哪一個指標能夠衡量模型在正類中的預測準確度？
    (A) 精確率（Precision）
    (B) 召回率（Recall）
    (C) F1 分數（F1 Score）
    (D) 特異性（Specificity）

43. 某班級學生人數為偶數,則這個班級身高的中位數(Median)是下列哪一項?
    (A) 無法決定
    (B) 兩個中間值皆可
    (C) 中間兩個值的平均
    (D) 身高以遞增排序後的兩個中間值平均

44. 在進行機器學習模型訓練時,當資料集中存在大量遺漏值(Missing Values)時,下列哪一種方法最常被用來處理這些遺漏值?
    (A) 刪除包含遺漏值的資料行
    (B) 將遺漏值替換為 0
    (C) 用資料的平均值或中位數填補遺漏值
    (D) 隨機生成數值填補遺漏值

45. 下列哪一項是 TensorFlow 中用來優化模型的類別?
    (A) tf.keras.layers
    (B) tf.keras.optimizers
    (C) tf.keras.losses
    (D) tf.keras.callbacks

46. 在 PyTorch 中,下列哪一項可以計算兩個張量的點積?
    (A) torch.add()
    (B) torch.mul()
    (C) torch.dot()
    (D) torch.mm()

47. 下列哪一個 TensorFlow 模組用於構建神經網路層?
    (A) tf.keras.layers
    (B) tf.keras.optimizers
    (C) tf.data.Dataset
    (D) tf.keras.metrics

48. PyTorch 中常用的圖像和數據增強函式庫是下列哪一項？
    (A) torchvision
    (B) numpy
    (C) scipy
    (D) pandas

49. 在 TensorFlow，下列哪一項是以一層一層疊加的方式，建立一個神經網路模型？
    (A) tf.keras.models.Sequential()
    (B) tf.keras.layers.Input()
    (C) tf.keras.losses.CategoricalCrossentropy()
    (D) tf.optim.Adam()

50. 下列哪一個函數可用於導入 PyTorch 中的資料集？
    (A) torch.utils.data.DataLoader()
    (B) torch.load_dataset()
    (C) torch.utils.data.Dataset()
    (D) torch.data.load()

# 模擬試卷標準答案

試卷編號：AI1-0001

| 01. | 02. | 03. | 04. | 05. |
|---|---|---|---|---|
| A | B | B | B | A |
| 06. | 07. | 08. | 09. | 10. |
| D | B | D | B | B |
| 11. | 12. | 13. | 14. | 15. |
| B | C | C | C | C |
| 16. | 17. | 18. | 19. | 20. |
| C | D | A | B | D |
| 21. | 22. | 23. | 24. | 25. |
| C | A | B | B | B |
| 26. | 27. | 28. | 29. | 30. |
| D | B | C | A | B |
| 31. | 32. | 33. | 34. | 35. |
| A | C | C | D | C |
| 36. | 37. | 38. | 39. | 40. |
| B | B | A | B | C |
| 41. | 42. | 43. | 44. | 45. |
| B | B | B | A | D |
| 46. | 47. | 48. | 49. | 50. |
| C | D | D | D | B |

試卷編號：AI1-0002

| 01. | 02. | 03. | 04. | 05. |
|---|---|---|---|---|
| B | C | C | A | B |
| 06. | 07. | 08. | 09. | 10. |
| A | C | B | B | C |
| 11. | 12. | 13. | 14. | 15. |
| B | C | A | B | C |
| 16. | 17. | 18. | 19. | 20. |
| D | B | C | B | C |
| 21. | 22. | 23. | 24. | 25. |
| A | B | B | C | B |
| 26. | 27. | 28. | 29. | 30. |
| B | B | B | B | B |
| 31. | 32. | 33. | 34. | 35. |
| A | A | B | D | B |
| 36. | 37. | 38. | 39. | 40. |
| B | C | C | C | B |
| 41. | 42. | 43. | 44. | 45. |
| D | A | B | B | D |
| 46. | 47. | 48. | 49. | 50. |
| C | C | B | B | D |

試卷編號：AI1-0003

| 01. | 02. | 03. | 04. | 05. |
|---|---|---|---|---|
| C | A | B | D | A |
| 06. | 07. | 08. | 09. | 10. |
| A | B | B | D | B |
| 11. | 12. | 13. | 14. | 15. |
| D | B | A | D | A |
| 16. | 17. | 18. | 19. | 20. |
| C | B | A | D | B |
| 21. | 22. | 23. | 24. | 25. |
| B | C | A | C | B |
| 26. | 27. | 28. | 29. | 30. |
| B | B | A | C | C |
| 31. | 32. | 33. | 34. | 35. |
| B | D | B | B | B |
| 36. | 37. | 38. | 39. | 40. |
| A | B | B | B | D |
| 41. | 42. | 43. | 44. | 45. |
| A | B | D | C | B |
| 46. | 47. | 48. | 49. | 50. |
| C | A | A | A | A |

# 心得筆記

# 附錄

CHAPTER

附錄 ▶

TQC 技能認證報名簡章

問題反應表

TQC

# TQC 技能認證報名簡章

## 壹、目的

為符合資訊技術發展趨勢與配合國家政策，有效提升全民應用資訊的能力，建立國內訓、考、用合一的資訊應用技能認證體系，定義出全民資訊能力的指標，以公平、公正、公開的原則辦理認證，並提供企業選用適任人才的標準。

## 貳、主辦單位

財團法人中華民國電腦技能基金會。

## 參、協辦單位

一、Microsoft 台灣微軟股份有限公司技術支援。

二、autodesk 台灣歐特克股份有限公司技術支援。

## 肆、報名對象

具各類電腦軟體學習經驗的在學學生，或同等學習資歷之社會人士。

## 伍、報名日期

即日起均可報名。

## 陸、報名方式

採用線上報名，請至 TQC 線上報名系統，網址：https://www.TQC.org.tw。

## 柒、繳費方式

一、考場繳費：請至您報名的考場繳費。

二、使用 ATM 轉帳：報名後，系統會產生一組繳費帳號，您必須使用提款機將報名費直接轉帳至該帳號，即完成繳費；ATM 轉帳因有作業程序，請考生耐心等候處理時間；若遺忘該帳號，請由 TQC 考生服務網登入/報名進度查詢/ATM 帳號，即可查詢繳費帳號。

三、至基金會繳費：請至本會各區推廣中心繳費。

| 北區 | 台北市 105 八德路 3 段 32 號 8 樓 | (02) 2577-8806 |
| --- | --- | --- |
| 中區 | 台中市 406 北屯區文心路四段 698 號 24 樓 | (04) 2238-6572 |
| 南區 | 高雄市 807 三民區博愛一路 366 號 7 樓之 4 | (07) 311-9568 |

四、應考人完成報名手續後，請於繳費截止日前完成繳費，否則視同未完成報名，考試當天將無法應考。

五、應考人於報名繳費時，請再次上網確認考試相關科目及級別，繳費完成後恕不受理考試項目、級別、地點、延期及退費申請等相關異動。

六、繳費完成後，本會將進行資料建檔、試場及監考人員、安排試題製作等相關考務作業，故不接受延期及退費申請，但若因本身之傷殘、自身及一等親以內之婚喪、或天災不可抗拒之因素，造成無法於報名日期應考時，得依相關憑證辦理延期手續（但以一次為限）。

七、繳費成功後，請自行上 TQC 線上報名系統確認。

八、即日起，凡領有身心障礙證明報考 TQC 各項測驗者，每人每年得申請全額補助報名費四次，科目不限，同時報名二科即算二次，餘此類推，報名卻未到考者，仍計為已申請補助。符合補助資格者，應於報名時填寫「身心障礙者報考 TQC 認證報名費補助申請表」後，黏貼相關證明文件影本郵寄至本會申請補助。

## 捌、測驗內容

### 一、五大類別：

| 序 | 類別名稱 |
|---|---|
| 01 | 專業知識領域　　　（TQC-DK） |
| 02 | 作業系統類　　　　（TQC-OS） |
| 03 | 辦公軟體應用類　　（TQC-OA） |
| 04 | 資料庫應用類　　　（TQC-DA） |
| 05 | 影像處理類　　　　（TQC-IP） |

### 二、TQC 專業人員：

| 序 | 專業人員 | 序 | 專業人員 |
|---|---|---|---|
| 01 | 專業中文秘書人員 | 12 | 專業網站資料庫管理工程師 |
| 02 | 專業英文秘書人員 | 13 | 專業行動裝置應用工程師 |
| 03 | 專業日文秘書人員 | 14 | 專業 Linux 系統管理工程師 |
| 04 | 專業企畫人員 | 15 | 專業 Linux 網路管理工程師 |
| 05 | 專業財會人員 | 16 | 雲端服務商務人員 |
| 06 | 專業行銷人員 | 17 | 行動商務人員 |
| 07 | 專業人事人員 | 18 | 物聯網商務人員 |
| 08 | 專業文書人員 | 19 | 物聯網應用服務人員 |
| 09 | 專業 e-office 人員 | 20 | 物聯網產品企劃人員 |
| 10 | 專業專案管理人員 | 21 | 物聯網產品行銷人員 |
| 11 | 專業資訊管理工程師 | 22 | 物聯網產品管理人員 |

### 三、詳細內容請參考 TQC 考生服務網 https://www.TQC.org.tw。

## 玖、應考人須知

一、應考人可於測驗前三日上網確認考試時間、場次、座號。

二、應考人如於測驗當天發現考試報名錯誤(級別、科目)，於考試當天恕不受理任何異動。

三、應考人應攜帶身分證明文件並於進場前完成報名及簽到手續。（如學生證、身分證、駕照、健保卡等有照片之證件）。進場後請將身分證明置於指定位置，以利監場人員核對身分，未攜帶者不得進場應考。

四、考場提供測驗相關軟、硬體設備，除輸入法外，應考人不得隨意更換考場相關設備，亦不得使用自行攜帶的鍵盤、滑鼠等。

五、應考人應按時進場，在公告之測驗時間開始十五分鐘後，考生不得進場；考生繳件出場後，不得再進場；公告測驗時間開始廿分鐘內不得出場。

六、應考人考試中如遇任何疑問，為避免考試權益受損，應立即舉手反應予監場人員處理，並於考試當天以 E-MAIL 寄發本會客服，以利追蹤處理，如未及時反應，考試後恕不受理。

## 拾、應考人有下列情事之一者得予以扣考，不得繼續應檢，其成績以零分計算

一、冒名頂替者或與個人身分證件不符者。

二、傳遞資料或信號者。

三、協助他人或託他人代為作答者。

四、互換位置者。

五、夾帶書籍、文件、檔案，而其行動電話及其他資訊電子相關產品未關機者，個人相關物品請依監考人員指示放置。

六、攜帶寵物，擾亂試場內外秩序者。

七、未遵守本規則，不接受監評人員勸導，擾亂試場內外秩序者。

## 拾壹、成績公告

一、測驗成績將於應試二週後公布在網站上，考生可於原報名之「TQC線上報名系統」以個人帳號密碼登入歷史成績查詢。

二、測驗成績一個月後可在 TQC 考生服務網上方橫幅選項「報名查詢」之「成績查詢」處以個人身分證統一編號查詢。

三、欲申請複查成績者，可於 TQC 線上報名系統成績公布後兩週內，下載複查申請表向主辦單位申請複查，成績複查以一次為限，逾期不予受理，成績複查費用請以網站上公告為準。

四、本認證各項目達合格標準者，由主辦單位於公布成績兩週後核發合格證書。

## 拾貳、其他

申請換發人員別證書及補證費用工本費以網站上公告為準。請逕向主辦單位各區推廣中心洽詢。應考人可於測驗前七日上網確認考試時間、場次、座號。

## 拾參、本辦法未盡事宜者，主辦單位得視需要另行修訂

本會保有修改報名及測驗等相關資料之權利，若有修改恕不另行通知。最新資料歡迎查閱本會網站！

（TQC 各項測驗最新的簡章內容及出版品服務，以網站公告為主）

本會網站：https://www.CSF.org.tw

考生服務網：https://www.TQC.org.tw

# 問題反應表

親愛的讀者：

感謝您購買「生成式 AI 應用與技術實力養成暨評量」，雖然我們經過縝密的測試及校核，但總有百密一疏、未盡完善之處。如果您對本書有任何建言或發現錯誤之處，請您以最方便簡潔的方式告訴我們，作為本書再版時更正之參考。謝謝您！

| 讀 者 資 料 | | | |
|---|---|---|---|
| 公 司 行 號 | | 姓 名 | |
| 聯 絡 住 址 | | | |
| E-mail Address | | | |
| 聯 絡 電 話 | （O） | （H） | |
| 應用軟體使用版本 | | | |
| 使 用 的 P C | | 記憶體 | |
| 對本書的建言 | | | |

| 勘 誤 表 | | |
|---|---|---|
| 頁 碼 及 行 數 | 不當或可疑的詞句 | 建 議 的 詞 句 |
| 第　　頁 | | |
| 第　　行 | | |
| 第　　頁 | | |
| 第　　行 | | |
| 第　　頁 | | |
| 第　　行 | | |

覆函請以傳真或逕寄：台北市 105 八德路三段 32 號 8 樓
中華民國電腦技能基金會 綜合推廣中心 收

TEL：(02)25778806　分機 760
FAX：(02)25778135
E-MAIL：master@mail.csf.org.tw　　　　　　　　　　　　　　謝謝！

# TQC 生成式 AI 應用與技術實力養成暨評量

作　　者：財團法人中華民國電腦技能基金會
企劃編輯：郭季柔
文字編輯：王雅雯
設計裝幀：張寶莉
發 行 人：廖文良

發 行 所：碁峰資訊股份有限公司
地　　址：台北市南港區三重路 66 號 7 樓之 6
電　　話：(02)2788-2408
傳　　真：(02)8192-4433
網　　站：www.gotop.com.tw
書　　號：AEY045200
版　　次：2025 年 04 月初版
建議售價：NT$350

國家圖書館出版品預行編目資料

TQC 生成式 AI 應用與技術實力養成暨評量 / 財團法人中華民國電腦技能基金會著. -- 初版. -- 臺北市：碁峰資訊, 2025.04
　面；　公分
ISBN 978-626-425-042-9(平裝)
1.CST：人工智慧　2.CST：機器學習　3.CST：考試指南
312.83　　　　　　　　　　　　　　　　　114003271

商標聲明：本書所引用之國內外公司各商標、商品名稱、網站畫面，其權利分屬合法註冊公司所有，絕無侵權之意，特此聲明。

版權聲明：本著作物內容僅授權合法持有本書之讀者學習所用，非經本書作者或碁峰資訊股份有限公司正式授權，不得以任何形式複製、抄襲、轉載或透過網路散佈其內容。
版權所有‧翻印必究

本書是根據寫作當時的資料撰寫而成，日後若因資料更新導致與書籍內容有所差異，敬請見諒。若是軟、硬體問題，請您直接與軟、硬體廠商聯絡。